自然
百科

山

自然百科编委会　编著

中国大百科全书出版社

图书在版编目（CIP）数据

山 / 自然百科编委会编著. -- 北京 ：中国大百科全书出版社，2025. 1. --（自然百科）. -- ISBN 978-7-5202-1677-7

Ⅰ . P931.2-49

中国国家版本馆 CIP 数据核字第 2025RC1174 号

总 策 划：刘　杭　郭继艳
策划编辑：李秀坤
责任编辑：李秀坤
责任校对：邵桃炜
责任印制：王亚青
出版发行：中国大百科全书出版社有限公司
地　　址：北京市西城区阜成门北大街 17 号
邮政编码：100037
电　　话：010-88390811
网　　址：http://www.ecph.com.cn
印　　刷：唐山富达印务有限公司
开　　本：710mm×1000mm　1/16
印　　张：10
字　　数：100 千字
版　　次：2025 年 1 月第 1 版
印　　次：2025 年 1 月第 1 次印刷
书　　号：ISBN 978-7-5202-1677-7
定　　价：48. 00 元

—— 总 序

这是一套面向大众、根植于《中国大百科全书》第三版（以下简称百科三版）的百科通俗读物。

百科全书是概要记述人类一切门类知识或某一门类知识的完备的工具书。它的主要作用是供人们随时查检需要的知识和事实资料，还具有扩大读者知识视野和帮助人们系统求知的教育作用，常被誉为"没有围墙的大学"。简而言之，它是回答问题的书，是扩展知识的书。

中国大百科全书出版社从 1978 年起，陆续编纂出版了《中国大百科全书》第一版、第二版和第三版。这是我国科学文化建设的一项重要基础性、标志性、创新性工程，是在百年未有之大变局和中华民族伟大复兴全局的大背景下，提升我国文化软实力、提高中华文化国际影响力的一项重要举措，具有重大的现实意义和深远的历史意义。

百科三版的编纂工作经国务院立项，得到国家各有关部门、全国科学文化研究机构、学术团体、高等院校的大力支持，专家、学者 5 万余人参与编纂，代表了各学科最高的专业水平。专家、作者和编辑人员殚精竭虑，按照习近平总书记的要求，努力将百科三版建设成有中国特色、有国际影响力的权威知识宝库。截至 2023 年底，百科三版通过网站（www.zgbk.com）发布了 50 余万个网络版条目，并陆续出版了一批纸质版学科卷百科全书，将中国的百科全书事业推向了一个新的高度。

重文修武，耕读传家，是我们中国人悠久的文化传承。作为出版人，我们以传播科学文化知识为己任,希望通过出版更多优秀的出版物来落实总书记的要求——推动文化繁荣、建设中华民族现代文明,努力建设中国式现代化强国。

为了更好地向人众普及科学文化知识,我们从《中国大百科全书》第三版中选取一些条目,通过"人居环境""科学通识""地球知识""工艺美术""动物百科""植物百科""渔猎文明""交通百科"等主题结集成册,精心策划了这套大众版图书。其中每一个主题包含不同数量的分册,不仅保持条目的科学性、知识性、准确性、严谨性,而且具备趣味性、可读性,语言风格和内容深度上更适合非专业读者,希望读者在领略丰富多彩的各领域知识之时,也能了解到书中展示的科学的知识体系。

衷心希望广大读者喜爱这套丛书,并敬请对书中不足之处给予批评指正!

《中国大百科全书》编辑部

"自然百科"丛书序

在浩瀚的宇宙中，我们人类不过是一粒微尘，然而正是这粒微尘却拥有探索宇宙、理解自然、感悟生命的渴望。"自然百科"丛书旨在成为连接人类与自然万物的桥梁，通过《恒星》《太阳系》《山》《岩石》《矿物》《荒漠》《土壤》《湖》八个分册，带领读者踏上一段从宇宙深处到地球家园的多彩旅程。

《恒星》分册，我们从恒星形成讲起，它们不仅是夜空中闪烁的光点，更是宇宙历史的见证者。人类对恒星的观察和研究，不仅推动了天文学的发展，也让我们对宇宙有了更深的认识。

《太阳系》分册，我们将目光转向我们所在的太阳系，从太阳的炽热核心到遥远的柯伊伯带，探索八大行星的奥秘，以及那些无数的小天体。太阳系的研究，让我们对宇宙有了更深的理解，也让我们意识到在宇宙中，我们并不孤单。

《山》分册，我们回到地球，探索那些巍峨的山峰。它们塑造了地形，影响了气候，孕育了生物多样性。山与人类文明的发展紧密相连，无论是作为屏障还是通道，它们都是人类历史的重要组成部分。

《岩石》分册，我们深入地壳，了解构成地球的基石——岩石。岩石的种类、形成过程及它们在地质学中的作用，都是我们理解地球历史的关键。岩石是地球历史的记录者，它们见证了地球的变迁和生命的演化。

《矿物》分册，我们进一步探索岩石中的宝藏——矿物。矿物不仅是工业的原材料，也是自然界的艺术品。它们的独特性质和美丽形态，激发了人类对自然美的欣赏和对科学探索的热情。

《荒漠》分册，我们转向那些看似荒凉的荒漠。荒漠并非生命的禁区，而是适应极端环境生物的家园。荒漠的研究，让我们认识到地球生命的顽强和多样性，也提醒我们保护环境的重要性。

《土壤》分册，我们深入地球的皮肤——土壤。土壤能不断地供给植物所需的水分和养分，是农业生产的基本资料，是人类生存不可或缺的自然资源。对土壤的研究，让我们认识到土壤健康以及保护土壤的重要性。

《湖》分册，我们聚焦于那些静谧的湖泊。湖泊不仅是水资源的宝库，也是生态系统的重要组成部分。湖泊的研究以及它们对人类社会的影响，是我们理解地球水循环和保护水资源的关键。

"自然百科"丛书不仅是知识的汇集，也是启发思考的源泉。它帮助我们认识到，从宇宙到地球，每一个自然事物都与我们息息相关。通过这些知识，我们可以更好地理解我们所处的世界，更加珍惜和保护我们的自然环境。让我们翻开这些书页，一起探索、学习、感悟，与自然和谐共生。

自然百科丛书编委会

目　录

第7章　中国山地　41

第 1 章

亚洲山地

喜马拉雅山脉

喜马拉雅山脉是世界最雄伟高大的山脉，地处青藏高原南部边缘，由数条大致平行的支脉组成。向南凸出呈弧形。西起克什米尔的南迦帕尔巴特峰（北纬 35°14′21″，东经 74°35′24″，海拔 8125 米），东至雅鲁藏布大峡谷处的南迦巴瓦峰，全长约 2500 千米。南北宽 200 ～ 300 千米。由北而南依次为大喜马拉雅山、小喜马拉雅山及西瓦利克山（锡伐利克山）等。大喜马拉雅山大部分在中国境内，其西端和南侧支脉大多在巴基斯坦、印度、尼泊尔和不丹等邻国境内。主峰珠穆朗玛峰海拔 8848.86 米，为世界第一高峰。

喜马拉雅山名源于梵文，意为雪的居所。主脉大喜马拉雅山平均海拔 6000 米以上，7000 米以上的山峰 50 余座，全球 14 座海拔 8000 米以上的高峰中即有 10 座分布于此。

珠穆朗玛峰

主脉上的一些山口要隘也多分布于海拔 4000 ～ 5000 米。高山顶部终年积雪，现代冰川作用强盛，冰川规模较大，著名的有国境内的绒布冰川、加布拉冰川及印度锡金境内的热木冰川等。冰川总面积 3.3 万平方千米，中国境内约占 1/3。雪线高度 5800 ～ 6200 米，南坡雪线低于北坡。

◆ 地质概括

喜马拉雅山脉山主脊系由前寒武纪结晶岩和变质岩——花岗岩、片麻岩和片岩及寒武——奥陶纪的浅变质岩——结晶灰岩、板岩与千枚岩等组成。北坡自奥陶纪至古近纪的海相地层——灰岩、页岩、砂岩等总厚度达 1100 米。喜马拉雅山脉是青藏高原上隆起最晚的年轻山脉。于始新世古地中海撤退时开始升起，后经数次断块上升而形成。据希夏邦马峰北坡海拔 5700 米处发现高山栎古植物化石推断，上新世以来喜马拉雅山脉约升高了 2000 米。同时，南北向水平挤压，喜马拉雅山脉强烈褶皱并具掀升性质，形成向北倾斜的叠瓦状构造，山脉南陡北缓两坡不对称。喜马拉雅山地壳极不稳定，新构造运动十分活跃，地震活动频繁而强烈，是世界上主要大地震带之一。此外，南北走向的断裂构造发育，经河流切割形成纵向深险峡谷，成为西南季风气流北进的通道。

◆ 气候与垂直自然带

喜马拉雅山脉南北两侧气候迥异。其南坡气候暖热湿润。如墨脱（海拔 1130 米）和樟木（海拔 2300 米）两地，最热月平均气温分别达 22.1℃和 17.3℃，平均年降水量分别为 2300 毫米和 2800 毫米，位于山麓的巴昔卡（157 米）的年降水量则超过 4400 毫米。北坡温凉干燥，一般最热月平均气温多低于 10℃，平均年降水量少于 400 毫米。气候垂直变化明显。南北两坡的地形、水文、生物、土壤及农业生产差异均大。以喜马拉雅山脉东段为例，南坡地势险峻，河网密，流水侵蚀强，原始森林葱郁，植物种类丰富，森林土壤多样。

山地垂直带：①海拔1100米以下的低山丘陵为热带雨林和季雨林—砖红壤性土壤带。②1100～2300米为山地亚热带常绿阔叶林—黄壤带。③2300～2900米为山地暖温带针阔叶混交林—黄棕壤和棕壤带。④2900～4100米（森林上限）为山地寒温带云、冷杉暗针叶林—暗棕壤和漂灰土带。⑤4100～4400米为亚高山寒带杜鹃、山柳等灌丛和高山蒿草草甸—亚高山灌丛土和高山草甸土带。⑥4400～4800米（雪线）为地衣、苔藓与坐垫植物等组成的高山冰缘稀疏植被—寒冻土带。⑦4800米以上为高山永久冰雪带。垂直自然带属海洋性湿润型系统。种植上限不超过4000米。在山麓谷地内可种植水稻、鸡爪谷、玉米与小麦等多种作物，一年两至三熟。可种茶树、甘蔗、柑橘与香蕉等。密林中常见麂、麝、黑熊、猴、小熊猫、各种毒蛇和羽毛鲜艳的鸟禽等。北坡地势相对和缓开阔，海拔一般在4000米以上，气候寒冷干燥。湖盆与宽谷地形发育，河流稀少，干旱剥蚀较强，森林面积骤减，除东部河谷地区有森林分布外，海拔5000米（高山草甸带下限）以下多为紫花针茅等禾本科植物组成高山草原带。海拔4000米以下较温暖的朋曲上游与雅鲁藏布江中游宽谷则为山地灌丛草原带，属草原土壤类型。垂直自然带属大陆性半干旱型系统。大部分地区为天然牧场，仅沿河沃土辟为耕地，可种植青稞、小麦、油菜和豌豆等作物，一年一熟。最高种植上限在聂拉木附近海拔4760米处，有野牦牛、藏原羚、旱獭、鼠兔和狐等野生动物。喜马拉雅山脉东湿西干，西段（吉隆一带以西）的山麓地带已无热带森林，并在干燥河谷中出现长叶松、长叶云杉及霸王鞭类浆质刺灌丛。

◆ 人文概况

在中国境内的喜马拉雅山地区主要城镇有普兰、吉隆、樟木、聂拉木、亚东、定日、墨脱等县、镇，居民以藏族为主，邻近国境地区有珞巴族和门巴族以及夏尔巴人、僜人等。山区交通艰险而闭塞。南北通商往来主要经由较低的山口。有从拉萨经聂拉木通往尼泊尔首都加德满都的中尼国际公路和拉萨至亚东、拉萨至隆子、拉萨至普兰等公路干线。

兴都库什山脉

兴都库什山脉是亚洲中部的大山脉。名称来自波斯语，意为"印度山脉"，因古波斯人将其以东的广大地区统名"印度"，也以此名山。公元前4世纪马其顿亚历山大大帝东侵时，称之为印度高加索山脉。中国早在南北朝时期的典籍已有记叙，称之为大雪山。东起帕米尔高原，西迄伊朗边境。大体呈东东北—西西南走向，绵延约1600千米，宽50～350千米，平均海拔4000～5000米。实际上是一个庞大的山脉综合体，由主脉和众多南北向支脉共同组成。主脉自东而西，包括兴都库什山脉、帕格曼山脉、巴巴山脉和帕罗帕米苏斯山脉等。除最东段沿阿富汗和巴基斯坦边境延伸外，绝大部分横亘于阿富汗中部，因而有"阿富汗的脊梁"之称。可再分为三段：①东段，也就是最高峻的一段。平均海拔5500～6500米，基本位于帕米尔高原南侧，东端靠近中国和巴基斯坦边境。沿巴基斯坦和阿富汗边境延伸，高峰多集中于该段，海拔 7000 米以上的高峰有 20 余座。位于巴基斯坦境内的蒂里奇米尔峰海拔 7690 米，为整个山脉的主峰。②中段，几乎全部在阿富汗境内，横亘于喀布尔北侧，海拔 6000 多米的山峰有数座，山体扭曲多变。③西段，延伸于阿富汗西部，逐渐呈扇状展开，至赫拉特靠近伊朗边境处逐渐降为丘陵。总体山势十分险峻，多悬崖陡壁，层峦叠嶂，自古难以逾越，加之有 5 ～ 7 个月或更长时间的积雪封山，行者每每视为畏途。但因为地处西亚、中亚和南亚三大区域交汇之地，且存在着若干天然的山口、隧道，所以翻越此地从事贸易文化往来，以及古今甲兵铁骑驰骋的事迹，仍史不绝书。山区常有强烈地震，易发生泥石流。矿藏主要有金、铜、铅、石油等。大部地区属亚热带干燥气候，高原区气候恶劣，寒冬可长达 10 个月之久。雪线高 4500 ～ 5000 米。东兴都库什山脉有荒漠高原，许多大冰川下伸至 3300 ～ 3600 米。西兴都库什山脉北坡为草原和森林草原植被，南坡为半荒漠植被，东南坡 3300 米以下分布着森林。中、低坡地有牧场，农业区主要限于河谷内。阿富汗的环行公路从东西两端翻越，包括穿过著名的萨朗山口（海拔 3947 米）及其下 2600 米长的隧道。

高加索山脉

高加索山脉是亚、欧两洲的分界线之一，是位于黑海与里海之间的山脉。自西北向东南延伸于俄罗斯与格鲁吉亚、阿塞拜疆边界上。全长 1100 千米，主体部分最宽约 180 千米，面积 14.5 万平方千米。由一系列近于平行的山脉组成。按地势可分为轴部地带、北坡和南坡。山势陡峻，除东、西两小段外。轴部地带大部为海拔3000～4000米的高山，其中海拔4800米以上山峰15座。最高峰厄尔布鲁士山海拔5642米。平均海拔3500米以上，终年积雪，有冰川约2000条（总面积1428平方千米）。北坡地区又名北高加索或前高加索，大体以库班河与捷列克河为界，为海拔400～1500米的低山、丘陵与中山；南坡以库拉河及科尔希达低地为界，大多为海拔1000米以上的中山。垂直地带分异明显。以北坡为例，河谷平原属草原、草甸黑土带，随着海拔升高，依次为阔叶林－山地棕壤地带（400～1200米）、针叶林－山地灰化土带（1200～2200米）、亚高山草甸－高山草甸土带（2200～3000米）、高山苔原带（2600～3500米）和高山冰雪带（3500米以上）。西部黑海沿岸从图阿普谢至波季的狭长地带，由于受山体的屏障作用，1月平均气温4～6℃，年降水量1400毫米，属亚热带湿润气候，可生长茶叶、柠檬、无花果、油桐、棕榈等亚热带作物，有石油、天然气、煤、铁、锰、铜、铅、锌、明矾石、汞等矿藏。黑海沿岸的苏呼米、索契以及大高加索山山前的温泉出露带是著名的旅游区。

哈萨克丘陵

哈萨克丘陵是哈萨克中北部的世界最大丘陵,位于巴尔喀什湖以北、额尔齐斯河以西。东西长1200千米，平均海拔300～500米，最高点阿克索兰山海拔1565米。2008年，部分地区以萨雅克－北哈萨克干草原与湖群的名义作为自然遗产被列入《世界遗产名录》。矿产资源主要有铜、铅、锌、铬、煤、铁、石油、天然气和铝土矿等。

富士山

富士山是日本第一高峰，活火山，日本国家与民族的象征，曾有不尽山、芙蓉峰、八叶岳等别称。"富士"一词源出阿伊努语，意为"永生"（另有语意"神山"一说）。位于本州岛中南部，地处山梨、静冈两县边缘。东北距东京约80千米，南距太平洋岸26千米。山体呈优美的圆锥形，山峰海拔3776米。山顶终年积雪，景色秀美壮丽，日本奉为"圣山"。山顶坡度32°～34°，山麓坡度2°～3°，山底直径约38千米，山麓周长153千米，山麓界限内面积约900平方千米。山顶火口湖直径约800米，深约220米。环绕锯齿状火山口边缘的有"富士八峰"，即剑峰（最高峰）、白山岳、久须志岳、大日岳、伊豆岳、成就岳、驹岳和三岳。山麓北侧有熔岩流造成的火山堰塞湖，统称"富士五湖"，自东往西依次为山中湖、川口湖、西湖、精进湖和本栖湖。其中川口湖海拔831米，因其平静的湖面上能映出富士山的倒影而闻名。富士山地处富士火山带中部，约1万年前由熔岩喷发形成，喷出物最大厚度约1500米，将小御岳和古富士两个古火山体湮没。历次喷出物相继堆积，呈层状构造，为典型的成层火山。基岩为中新世火山岩，顶部为全新世火山岩。自781年有文字记载以

富士山景色

来共喷发 18 次，其中 800 年、864 年、1707 年为三次大喷发。山顶的成就峰、伊豆峰和山腹宝永火口等处仍有喷气和地热现象。富士山有寄生火山 70 多座，数量居全国第一。年平均气温为 -6.6℃，空气中含氧量和大气压仅为平地的 2/3，水温至 83℃ 时即沸腾。自然带呈垂直分布，海拔 500 米以下为亚热带常绿林带，500～2000 米为温带落叶阔叶林带，2000～2600 米为寒温带针叶林带，再往上则为高山矮曲林带，山顶终年白雪皑皑。早在平安时代即为登山"圣地"，顶峰建有久须志、浅间等神社。是日本"特别名胜地"富士箱根伊豆国立公园（1936～1955）的核心景区，世界著名游览胜地。2013 年 6 月 22 日，第 37 届世界遗产大会批准将日本富士山列入《世界遗产名录》，富士山从而成为日本的第 17 处世界遗产。

阿苏山

阿苏山是日本火山群之一，集世界最大破火山口的复式活火山、中央火山丘与外轮山的总称。位于九州岛中部熊本县东北。以具有最大规模的破火山口的复式火山闻名于世。大火山口略呈椭圆形，周长约 120 千米，海拔约 900～1100 米，面积约 250 平方千米，其规模堪称世界之最。地处东西走向的白山火山带与南北走向的雾岛火山带的交汇处，山体由中新统—更新统的安山岩和流纹岩等组成。火山喷出物约有 180 立方千米，在约 3.3 万年前经多次喷发而形成巨大的破火山口。在大火山口内沿东西方向尚有 10 余个喷火口，形成中央火口丘群，其中较高者通称"阿苏五岳"：最高为高岳（1592 米），依次有根子岳、乌帽子岳、中岳和杵岛岳。中岳位于大火山口中央，为活火山，有 7 个喷火孔。周期性喷发，景色恢宏壮丽，蔚为壮观。自 553 年有喷发记录以来已喷发和显著活动 100 余次。大火山口边沿的外轮山海拔约 1000 米，相对高度 300 ～ 800 米。其内侧多悬崖峭壁，熔岩裸露，层次分明；外侧地势缓倾，向四周逐渐扩展，形成波状高原，南部丘陵多辟作耕地、牧场和旱田，北部河谷低处种植水稻。大火山口西面有内牧、阿苏、垂玉等多处温泉，为著名浴场。阿苏山区年平均气温 9.4℃，1 月 -1.8℃，8 月 20.1℃，平均年降水量 3255 毫米。1934 年设立的"阿苏国立公园"为著名的旅游胜地。阿苏山区建有京都大学的火山研究所、阿苏火山博物馆（1982 年建于"草千里"）、阿苏山气象站等。

当地时间 2014 年 11 月 26 日，阿苏中岳火山的第一火山口发生喷发，山体有轻微膨胀，火山喷发的浓烟高达约 1000 米。2015 年 9 月 14 日上午 9 点 43 分左右，阿苏山再次喷发。2016 年 4 月 16 日，由于地震，阿苏火山发生小规模爆发，浓烟冲上天空约 100 米。2016 年 10 月 8 日早晨，阿苏山发生喷发，火山灰云高达 1.1 万米，为世界上火山活动最活跃国家最新的一次火山喷发。2019 年 4 月 16 日，阿苏山中岳火山口再次喷发，火山灰高达 200 米。

阿贡火山

阿贡火山是印度尼西亚巴厘岛的活火山，又称巴厘峰，位于巴厘岛东北部，海拔 3142 米，为巴厘岛的最高峰，当地人奉为圣山。因火山口完整，被称为"世界肚脐眼"。喷发周期一般约 50 年。1963 年的猛烈爆发热浪高达1万米，火山灰在4000米高空弥漫全岛，人畜伤亡惨重，死亡约1600人，8.6万人无家可归。火山北坡陡，南坡缓。西部湿润，东部干燥。周围大部分为熔岩风化的沃土，种植稻米、玉米、椰子、咖啡、烟叶等。位于山的南坡海拔900米的普拉·毕沙基庙历史悠久，是倚山建有30所庙宇的大寺，寺内供奉印度教的主神梵天、毗湿奴和湿婆等。附近种植沙腊树，其果实硕大，为岛上祭祀用物。

默拉皮火山

默拉皮火山是印度尼西亚爪哇岛上活动频繁的活火山，被国际地球化学和火山学协会列为应当加强监督与研究的全球16座火山之一。位于日惹以北32千米。火山口直径600米，海拔2910米，呈锥形。火山接近马格朗、日惹和梭罗谷地，稻田和聚落从山麓往上分布到火山口附近，是世界上火山区农业密集型的典型。1006年爆发时火山喷出物曾湮没附近婆罗浮屠、门突、普兰巴南等古迹。1006～1954年，有史可查的爆发共12次，以1867年、1930年最为猛烈，1930年爆发致使7000多人丧生。此后至1980年的50年间爆发25次，总计死亡1500人。平均每10年有一次规模较大的喷发。火山附近建有严密的监视设施，并兴建了40多处拦阻火山喷出物的堤坝。

第 2 章

欧洲山地

阿尔卑斯山脉

阿尔卑斯山脉是欧洲最高大的山脉，位于欧洲南部，西起法国东南部，经意大利北部、瑞士南部、列支敦士登、德国南部，东至奥地利和斯洛文尼亚，呈弧形东西延伸，长约 1200 千米，宽 130 ～ 260 千米。总面积约 20.7 万平方千米。平均海拔 3000 米左右。山脉分为西、中、东三段。西阿尔卑斯是山脉最窄、高峰最集中的山段，最高峰勃朗峰（4810米）就在法、意边境；中阿尔卑斯介于大圣伯纳德山口和博登湖之间，宽度最大；东阿尔卑斯海拔相对较低。山脉主干向西南延伸为比利牛斯山脉，向南延伸为亚平宁山脉，向东南延伸为迪纳拉山脉，向东延伸为喀尔巴阡山脉。

地质上属第三纪年轻褶皱山脉。它的形成与北大西洋扩张以及由此造成非洲和欧洲板块间相对运动密切相关。早白垩世以来，从非洲分裂出小板块不断北移，晚始新世开始与欧洲板块碰撞，逐渐隆起阿尔卑斯山脉。巨大的推覆构造为其显著特征，这是由于在板块碰撞过程中多次构成剧烈的冲断层，使有些巨大岩体被掀移动数十千米覆盖到其他岩体之上，并形成大型的平卧褶皱。这种推覆体构造以西阿尔卑斯最为典型。

更新世时阿尔卑斯山脉是欧洲最大的山地冰川中心。各种类型冰川地貌广泛分布，冰蚀地貌尤为典型。山峰岩石嶙峋，角锋尖锐，挺拔峻峭，并有许多冰蚀崖、U形谷、冰斗、悬谷、冰蚀湖等。有1200多条现代冰川，总面积约4000平方千米，其中以瑞士西南中阿尔卑斯的阿莱奇冰川规模最大，长22.5千米，面积130平方千米。

阿尔卑斯山脉地处中欧温带大陆性湿润气候和南欧地中海型气候的分界线。山地本身具有气候垂直分异特征。高峰全年寒冷，在海拔2000米处年平均气温为0℃。山地年降水量为1200～2000毫米，但因地而异，高山迎风坡区年降水量超过2500毫米，背风坡山间谷地只有750毫米。冬季降雪量较大，高山普遍积雪。山区常出现焚风，引起冰雪迅速融化或雪崩。

阿尔卑斯山脉风光

欧洲许多大河均源出阿尔卑斯山脉，如多瑙河、莱茵河、波河、罗讷河等。各河上游都具有山地河流特点，水流湍急，富水力资源。山区湖泊多系冰川成因，较大的有莱芒湖（日内瓦湖）、四森林州湖（卢塞恩湖）、苏黎世湖、博登湖、马焦雷湖等。

阿尔卑斯山脉的植被带具有明显的垂直变化。南坡海拔800米以下属亚热带常绿硬叶林带；800～1800米为森林带，其下部是以山毛榉和冷杉为主的混交林带，上部是由云杉、冷杉、雪松等组成的针叶林；1800～2300 米处寒冷多风，为森林线上限，以上逐步转为高山草甸；再往上则多为裸露的岩石和终年积雪带。野生动物有阿尔卑斯大角山羊、小羚羊、山拨鼠、山兔等。

　　阿尔卑斯山脉的布伦纳山口（1370 米）、辛普朗山口（2009 米）、圣哥达山口（2112 米）等，自古以来就是南北交通的要道。1871 年法、意间的塞尼山开凿第一条铁路隧道。1922 年竣工的瑞、意间的辛普朗隧道（19.8 千米），是世界上最长的山岭铁路隧道。1958～1965 年法、意共同建成勃朗峰公路隧道（11.6 千米）。1980 年，瑞士建成当时世界上最长的圣哥达公路隧道（16.9 千米）。2016 年 6 月，瑞士建造的世界最长铁路隧道——圣哥达基线隧道开通（57.1 千米），也是欧洲南北轴线上穿越阿尔卑斯山最重要的通道之一。阿尔卑斯山区风景幽美，设有酒店、滑雪道、登山缆车等，为旅游、度假和登山、滑雪胜地，每年吸引大量游客。山区主要城镇有法国的格勒诺布尔、奥地利的因斯布鲁克、意大利的博尔扎诺等。

勃朗峰

　　勃朗峰是阿尔卑斯山脉最高峰，位于法国和意大利边界。勃朗峰是西欧与欧盟境内的最高峰，为欧洲仅次于大高加索山脉主峰厄尔布鲁士山的第二高峰，海拔为4808.73米。于1786年8月8日首次被人类征服。包括顶峰在内大部分在法国境内。整个山体自小圣伯纳德山口向北延伸约48千米，最宽处16千米，包括塔古尔勃朗、莫迪、艾吉耶、多伦、米迪、韦尔特等9座海拔超过4000米的山峰。山体主要由结晶岩组成。勃朗峰附近最有名的两个城镇是意大利瓦莱达奥斯塔大区的库马约尔与法国罗讷－阿尔卑斯大区上萨瓦省的霞慕尼，这里也是第一届冬季奥运会的举办地区。连接法、意两国的阿尔卑斯山主要公路隧道——白山隧道于1957年开始建造，1965年竣工通车，连接着法国的霞慕尼及意大利的库尔马耶乌尔，全长11.6千米，是穿越阿尔卑斯山主要的交通路线，这一隧道使巴黎到罗马的里程缩短约220千米。低坡森林茂密，2400米以上有现代冰川。西北坡法国一侧有著名的梅德冰川。设有空中缆车和冬季运动设施，为阿尔卑斯山最大的旅游中心。霞慕尼是通往勃朗峰的登山基地。

喀尔巴阡山脉

喀尔巴阡山脉是欧洲中南部山脉，为阿尔卑斯山脉的东伸部分。西起斯洛伐克首都布拉迪斯拉发附近的多瑙河谷，向东北绵延至波兰南部，称西喀尔巴阡山脉；绕经乌克兰西南部，进入罗马尼亚境内，向东南延伸至布拉索夫，称东喀尔巴阡山脉；再折向西南，止于奥尔绍瓦和塞尔维亚克拉多沃之间的多瑙河铁门峡，称南喀尔巴阡山脉。整个山脉走向构成一向西开口的半环形，环抱特兰西瓦尼亚高原。全长1450千米。一般由3列平行延伸的构造地貌带组成：外带呈山势浑圆、山坡平缓的中山地貌；中带地势较高，多为断块山地；内带是由第三纪火山岩构成的山地。在西喀尔巴阡山，上述3列构造地形带表现最为明显，其中地处中带的格尔拉赫峰海拔2655米，为整个喀尔巴阡山脉的最高峰。

各地蕴藏石油、天然气、褐煤、岩盐和铁、铜、铝、锌等矿。维斯瓦河和多瑙河的众多支流如蒂萨河、锡雷特河、普鲁特河等均源出喀尔巴阡山脉。山区气候属西欧海洋性与东欧大陆性之间的过渡型。1月平均气温 -5 ～ -2℃，7月平均气温 17 ～ 20℃；平均年降水量 800 ～ 1000 毫米，迎风山坡可达 1200 毫米以上。山地遍布森林，主要树种有山毛榉、栎、松、云杉、冷杉等，森林带上限 1500 ～ 1800 米不等。常见的动物有熊、狼、猞猁等。山区主要经济活动是农业、林业和旅游业。

比利牛斯山脉

比利牛斯山脉是欧洲大陆重要山脉，位于欧洲大陆西南部，东起地中海海岸，西止大西洋比斯开湾畔，地质构造上属阿尔卑斯褶皱带的一部分，为阿尔卑斯山脉主干向西南延伸部分，也是加龙河、阿杜尔河、埃布罗河的发源地，蕴藏铁、锰、铝土、褐煤、硫黄等矿产资源。全长 435 千米的比利牛斯山脉，平均海拔 2000 米以上，最高峰阿内托峰海拔 3404 米，按自然特征差异可分为东中西 3 段，东段多为块状山地和海拔较高的山间盆地，谷地广种橄榄和葡萄；中段群峰耸立，第四纪冰期时冰川广泛发育，遗留大量的冰斗冰湖和悬谷，中部山间谷地多季节性牧场；西段大部分由石灰岩构成，降水丰沛，谷地盛产玉米、谷物和水果。比利牛斯山脉分隔欧洲大陆与伊比利亚半岛，是法国与西班牙的天然国界，山中有小国安道尔，也有景致壮观的比利牛斯山国家公园，其中大量蝴蝶飞翔的草地和终年积雪的高山峰顶最为著名，是欧洲较为著名的旅游胜地和冬季体育活动中心。

乌拉尔山脉

乌拉尔山脉是亚洲和欧洲分界线之一，位于俄罗斯东欧平原和西西伯利亚平原之间的山脉。北起北冰洋喀拉海的拜达拉茨湾，南至奥尔斯克附近，大致呈南北走向，延伸 2000 多千米。宽 40 ~ 150 千米，是伯朝拉河、伏尔加河、乌拉尔河同鄂毕河流域分水岭。山峰多呈浑圆或穹状。沉积岩、变质岩及火成岩均有分布。西坡较缓，东坡较陡。海拔一般在 500 ~ 1200 米。最高点纳罗达峰海拔 1895 米。自北向南可分为极地、亚极地、北、中、南五段。北部山势较高，由一系列近于南北向的平行岭谷组成。中乌拉尔山地势低平，最低处海拔仅 350 米，构成亚欧两洲间的重要通道。南部山体宽达 150 千米，由许多东北—西南和南北向古老变质岩组成的山脉，切割较强。除北部属寒带外，大部地区为温带大陆性气候。北部地区河流注入北冰洋，中、南部地区多注入里海。森林资源丰富，分布上限从北部的 300 米到南部的 1200 米。西部以云杉和冷杉为主，东部松、落叶松、桦分布较广。南乌拉尔属森林草原和草原带。矿藏以铁、铜、锌、铝土矿、镍、钒钛、铬、金、石棉、钾盐等为主。

亚平宁山脉

亚平宁山脉是南欧意大利亚平宁半岛主干山脉，为阿尔卑斯山脉的南伸部分。西北从利古里亚海滨萨沃纳附近的卡迪波纳山口起，呈弧形向东南延伸，穿过亚平宁半岛，至西西里岛以西的埃加迪群岛，全长

1400 千米，宽 40 ～ 200 千米。

地质上为年轻的褶皱山系。由卢卡尼安、托斯坎、翁布里安和卡拉勃利安等 8 列山系构成。东坡平缓、西坡较陡。大体可分为北、中、南三段。北段又称利古里亚、托斯卡纳－艾米利亚亚平宁山，主要由砂岩和泥灰岩组成，森林茂密；中段称翁布里－马尔凯亚平宁和阿布鲁佐山，主要由石灰岩和白云岩组成，地势崎岖，最高点科尔诺峰海拔 2912 米；南段称那波利及卢卡亚平宁山，由花岗岩、片麻岩与云母片岩组成。山脉因阿尔卑斯运动抬升而成，至今每年仍以 1 毫米速度上升。中部和南部多火山和地震。那波利附近的维苏威火山（海拔1277 米）和西西里岛东北部的埃特纳火山（海拔 3323 米）最为著名。地中海型气候，冬季

亚平宁山脉风光

多雨，夏季干热。西坡年降水量 1000 ～ 2000 毫米（利古里亚亚平宁山迎风坡可达 3000 毫米），东坡山间盆地为 600 ～ 800 毫米。北部海拔300 ～ 500 米、南部海拔 900 米。600 ～ 800 米河谷地区分布有果园、油橄榄林和葡萄园，天然植被为地中海夏旱灌木群落和森林。北部海拔900 米、南部海拔 1000 ～ 1200 米以下是以栎、松、栗等为主的混交林。高山为冷杉和松等枝叶林、亚高山和高山草甸。矿产有汞、铁、铜、褐煤、硫黄和大理石等。山区与外界联系方便，有 10 条铁路和多条公路通过。

维苏威火山

维苏威火山是欧洲活火山，位于意大利那不勒斯市东南的那波利湾畔。海拔 1280 米（1980），每次喷发高度都有变化。起源于地质史上的更新世后期，迄今仅约 20 万年，为较年轻的火山。原系海湾中小岛，后经一系列火山喷发，堆积的喷发物才将其与陆地连成一体。基座周长约 50 千米，上有两个峰顶，其中较高者即维苏威火山锥。火山口是内壁直立的大圆洞，火口深约 305 米，直径 610 米，于 1944 年喷发后形成。火山活动可分为喷发期与静止期，前者一般持续 0.5～30.75 年，后者为 1.5～7.5 年。公元 79 年的大喷发，附近的庞贝和斯塔比亚两城全部被火山灰和火山砾湮没，赫库兰尼姆城也被泥流埋没。直到 18 世纪中叶，庞贝城才从火山灰砾中被发掘出来重见天日。此后，除 1037～1630 年长达几个世纪的停息外，一直处于喷发期和静止期的交替之中。1631

维苏威火山口

年 12 月 16 日的大喷发，5 座城镇被毁，约 3000 人死亡。1660～1944 年间共经历 20 次大喷发。1964 年 5 月 11 日的喷发表明，火山进入了新的喷发期。在火山灰上发育的土壤肥沃，多种植葡萄及其他水果

等经济作物。意大利南部自然风景区之一。从那不勒斯到维苏威火山有电气火车，山下有缆车直达山顶火山口，旅游业颇兴旺。

埃特纳火山

　　埃特纳火山是欧洲海拔最高的活火山,位于意大利西西里岛东北部,南距卡塔尼亚25千米。海拔3323米(20世纪90年代后期),基座周长约150千米,面积1600平方千米,以世界上喷发次数最多的火山著称。

　　史载首次喷发距今已有2400多年,估计喷发200多次。1669年的喷发持续4个月之久,喷发熔岩约达8.3亿立方米,使卡塔尼亚等附近城市约2万人丧生。20世纪以来已喷发十多次,特别是1979年起,连续3年都有喷发活动。1981年3月17日的喷发是近几十年来最猛烈的一次,从海拔2500米的东北部火山口喷出的熔岩夹杂岩块、砂石、火山灰等,掩埋了数十公顷树林和许多葡萄园,毁房数百间。山坡植被垂直分带明显。海拔900米以下,土壤肥沃,多已垦殖,广布葡萄园、橄榄林、柑橘园和樱桃、苹果、榛树等果园;900～1900米的森林带,有栗树、山毛榉、栎树、松树、桦树等;海拔1900米以上,满布火山堆积物,仅有稀疏的灌木。山顶常积雪。900米以下的山坡及山麓为人口稠密区,有许多村庄和城镇。建有盘山公路和缆车,供旅

埃特纳火山景观

游者登山观赏火山胜地。山上有纪念罗马皇帝哈德良攀登埃特纳火山的遗迹。

斯堪的纳维亚山脉

斯堪的纳维亚山脉是北欧纵贯斯堪的纳维亚半岛中西部的山脉，又称舍伦山脉，旧译基阿连山脉。长 1700 千米、宽 200 ~ 600 千米，构成半岛地形的主轴。地质古老，主要为块状山构成，为古波罗的海地盾的一部分。该山脉东北起自瑞典、挪威和芬兰交界地区，西南一直延伸到挪威南部。山脉西坡陡峻，直临挪威海岸，许多地方形成峭耸的悬崖。东坡比较平缓，成阶梯状经丘陵台地过渡到波罗的海沿岸平原。山脉海拔 1000 米左右，最高峰是挪威境内的格利特峰，海拔 2470 米。第四纪冰期时，为欧洲冰川的主要发源地，冰厚曾约达 2000 米。直到距今 18000 ~ 12000 年时，大陆冰川才最后消退，现山地上部仍保留有总面积 5000 平方千米的冰原。冰川对斯堪的纳维亚半岛地形产生非常强烈的影响。山脉介于北纬 57°~ 70°，一般属寒温带气候。降水较丰沛，西部沿海地区地处山脉的迎风坡，降水量达 3000 毫米，但背风的东部只有 450 ~ 750 毫米。山区森林茂密，其中云杉、松树等针叶树占 5/6，仅南部长有白桦、栎、山毛榉等阔叶树，构成混交林。

第3章

非洲山地

阿特拉斯山脉

阿特拉斯山脉是非洲西北部褶皱山脉。大体呈东北东—西南西走向，从摩洛哥大西洋岸经阿尔及利亚到突尼斯的舍里克半岛，长约 1800 千米，南北最宽处约 450 千米。

阿特拉斯山脉包括几条平行山脉以及从西向东逐渐变窄的若干山间高原、深谷和盆地。大阿特拉斯山脉（高阿特拉斯）山体高大，在摩洛哥境内，海拔 3000 米以上，最高峰图卜卡勒山海拔 4165 米；东延至阿尔及利亚境内，称撒哈拉阿特拉斯山脉，高度略低，是阿尔及利亚北部和南部撒哈拉地区的自然界线。外小阿特拉斯山（前阿特拉斯山）位于大阿特拉斯山脉以南，范围较小，高

大阿特拉斯山景色

度较低，最高峰艾克利姆山海拔 2531 米。中阿特拉斯山位于大阿特拉斯山脉以北，两山大致平行，其间是土地肥沃的穆卢耶河谷地，最高峰

布纳赛尔山海拔 3340 米，受河流切割，地表起伏较大。里夫阿特拉斯山（小阿特拉斯山）是最北一列山脉，位于地中海沿岸，平均海拔 2000 米左右，地势起伏很大；向东经阿尔及利亚到突尼斯西北部，称泰勒阿特拉斯，深谷切割，山体陡峭，最高峰朱尔朱拉山海拔 2308 米。撒哈拉阿特拉斯与泰勒阿特拉斯之间为上高原，是阿特拉斯山系中最大的山间高原。高原内景观单调，气候干燥，盐沼众多，盛产阿尔法草。整个阿特拉斯山区森林面积约 800 万公顷，主要分布在比较湿润的北坡，特产栓皮栎以及绿栎、雪松等。水力资源丰富，可供灌溉和发电；矿藏有磷酸盐、铁等。居民主要是柏柏尔人，多以农、牧业为生。

德拉肯斯山脉

德拉肯斯山脉是非洲南部主要山脉，为南非高原边缘大断崖的组成部分，又称喀什兰巴山。从南非东部南回归线附近起，贯穿斯威士兰西部和莱索托东部，延伸到东开普省东南部，略呈弧形，绵延约 1200 千米。为注入印度洋诸河与奥兰治河水系的分水岭。新生代抬升的古地块边缘。大部分海拔 3000 米以上。北段由强烈风化的古老花岗岩和深受侵蚀的卡鲁系砂岩、页岩组成，山体破碎，地势较低；南段地表有坚硬玄武岩层覆盖，山势高峻。其中，莱索托境内的塔巴纳恩特莱尼亚纳山海拔 3482 米，是南部非洲最高峰。

德拉肯斯山脉两侧呈阶梯状降低。①东坡。东坡陡峻，受众多河流切割，地形崎岖破碎。面迎印度洋湿润气流，地形雨丰富，年降水量 1000～1500 毫米，局部 2000 毫米；海拔 1200 米以下地带多垦为农田，

1200～1800 米亚热带山地常绿林生长茂密，1800 米以上是高山草地。②西坡。西坡平缓，微向内陆高原倾斜；因地处背风位置，气候偏旱，平均年降水量在 750 毫米以下；多草原和灌丛。山脉两侧农业特点迥异，东南侧沿海低地和丘陵是甘蔗、菠萝重要产区，西侧内陆高原是谷类生产和养畜区。山地有多处休养所和野营地，也是冬季主要登山运动场地。

开普山脉

开普山脉是南非内陆高原南缘山脉。东西延伸近 800 千米，由一系列褶皱山脉组成。山脉以南为狭长的海滨平原。山脉东部的 3 条东西走向山脉间夹有南、北两块面积不等的山间高原。其中，南部为小卡鲁高原，海拔 400～500 米；北部为大卡鲁高原，海拔 600～1000 米。

乞力马扎罗山

乞力马扎罗山是非洲第一高山，在坦桑尼亚东北部，靠近肯尼亚边境，为一东西延伸约 80 千米的熄火山群。在东非大裂谷以东约 160 千米，其形成与大裂谷断裂活动有关。由基博、马文济和希拉 3 座主要火山组成。基博峰海拔 5895 米，为非洲最高峰，火山口在顶峰南侧，直径 2000 米，深约 300 米，内有一个由火山灰形成的内锥。马文济峰海拔 5149 米，是较老峰顶的中心部分，侵蚀强烈，崎岖陡峭，东西坡被峡谷切成 "V" 形；两峰间以 11 千米长的鞍状山脊相连。希拉峰海拔 3778 米，是老火山口残余部分，呈山脊状。附近多次生火山锥。大约 5000 米以上，覆盖永久冰雪，形成赤道雪山奇观。基博峰的冰盖在火山口内呈孤立的山块，有一条冰川冲破西部边缘而下。冰川在西南坡下伸到4300米左右，在北侧仅略低于峰顶。山地植被垂直分布，1000米以下为赤道雨林带，1000～2000米为亚热带常绿阔叶林带，2000～3000米为温带森林带，3000～4000米为高山草甸带，4000～5200米为高山寒漠带，5200米以上为积雪冰川带。在

一群大象从乞力马扎罗山前走过

1000～2000米的山麓南坡，有谷物、咖啡、香蕉种植园。为保护动物资源和发展旅游业，坦桑尼亚政府于1973年将整个山区辟为乞力马扎罗国家公园，1987年作为自然遗产被列入《世界遗产名录》。

肯尼亚山

肯尼亚山是东非高原上的复式熄火山（死火山），地处肯尼亚中部，北靠赤道。为上新世随东非裂谷带形成而喷发产生。山体由粗面玄武岩构成。火山口经强烈侵蚀、切割，形成若干高耸的山峰；其中，基里尼亚加峰（又名巴蒂安峰）海拔5199米，相对高度3825米，为仅次于乞力马扎罗山基博峰的非洲第二高峰；主要山峰还有涅利昂峰（5188米）和来纳纳峰（4988米）等。山体四周被7条较大的溪谷切割，形成放射状的山脊，并在3900米附近处形成几个湖泊，溪流多注入塔纳河。

山顶终年积雪，并发于有十数条冰川，下延至海拔4300米处，远看晶莹雪白；"肯尼亚"，吉库尤族语意为"洁白"，国名即由此山顶景观而来。山地东侧雨量丰沛，北侧干燥。山麓西、北侧为草原，东、南侧为低树和高草植被。1500～3000米处为茂密的森林带，往上多竹林。2000米以下，火山岩发育的土壤广布，自然肥力高，多垦为咖啡、剑麻、香蕉等种植园，西北部则多种植小麦和放牧牲畜。森林带以上被辟为肯尼亚山国家公园，面积588平方千米，公园及其四周有多种大型动物（包括象、水牛、黑犀牛和豹），一些濒危和稀有物种（如桑尼鹿和白化斑马）也分布在那里。西北部山脚下的纳纽基是主要登山基地。

喀麦隆火山

　　喀麦隆火山是非洲活火山，旅游胜地，位于喀麦隆西南几内亚湾沿岸，东距杜阿拉60千米。火山基底呈东北—西南向的椭圆形，长、短轴分别为50千米和35千米。主峰法科峰海拔4070米。5～19世纪曾多次喷发，有记录的喷发在9次以上。20世纪以来先后数次喷发。1999年的喷发从3月28日延续到6月10日，喷发口位于西南方海拔1400米处，除喷出大量气体和火山灰外，还形

喀麦隆火山爆发

成多股巨大熔岩流，有的距林贝—伊代瑙公路80米，有的离几内亚湾岸边200米，有的直抵几内亚湾之中，最宽处6～7千米。伊代瑙镇和

巴金吉利及巴托克两个村庄所受威胁最大；有 1000 多人被迫疏散，部分房屋被毁。2000 年的喷发从 5 月 31 日延续到 6 月 9 日，同时伴随地震，火山熔岩流长达 4800 千米。

地处低纬，属典型热带雨林气候，面向大西洋的迎风坡为世界最多雨的地区之一，年降水量 10000 毫米以上；山顶时有降雪。受地形影响，具有独特的热带山地景观，其垂直地带性完整：1000 米以下为典型热带雨林，往上依次为山地森林带、杜鹃矮林带、亚高山草地带和苔藓地衣带，顶端多为平顶火山锥；法科峰顶方圆仅几十平方米，几乎全被黑色火山灰覆盖。山麓人口稠密，开发程度高，多香蕉、橡胶、油棕、茶叶等种植园。山谷多牧场。向来是喀麦隆的旅游热点，主要登山旅游路线在东南坡，海拔 3000 米左右有宿营地小木屋。山麓的布埃亚是西南省首府、登山旅游的大本营，与最大港市杜阿拉之间有良好的公路交通。山南面沿海有维多利亚港。

第4章

大洋洲山地

大分水岭

大分水岭是澳大利亚大陆东部山脉、高原和台地的总称，又称东部高地，世界上第三长的陆地山脉。北起约克角半岛，向南经昆士兰州、新南威尔士州，直至维多利亚州西部，与三州海岸线大致平行。由一系列高原和山岭构成。沿东海岸绵延3000多千米，宽160～320千米，海拔一般800～1000米，是世界上第三长的陆地山脉。属古生代褶皱山地，形成于距今3亿多年前的石炭纪时期，经长期剥蚀后，在第三纪造山运动时复又抬升。山地南高北低，东坡陡峭，西坡缓和。在昆士兰州境内段平均海拔600～900米，北部有阿瑟顿熔岩高地，中部为宽阔的切割高地；往南有一系列海拔1500米以上的花岗岩山脊。在昆士兰州和新南威尔士州交界处为达令草原高地。在新南威尔士州境内，北部是新英格兰高地，地面有玄武岩覆盖，海拔超过1500米；中部称中央高地，以利物浦山脉和蓝山山脉为主体，海拔1000米左右；南部称澳大利亚山脉，由一系列倾斜地块组成，主峰科西阿斯科山为澳大利亚大陆最高峰，山顶有积雪。在维多利亚州境内，山地转为东西走向，地势向西逐渐降低，终止于格兰扁岭。澳大利亚主要河流均发源于大分水岭。西坡有墨累－达令河、弗林德斯河、拉克伦河、吉尔伯特河等，分别注入卡奔塔利亚湾和印度洋。西坡处于背风位置，气候干旱，河流水量较少。东坡有伯德金河、菲茨罗伊河、斯诺伊河等短小的海岸水系，注入太平洋的珊瑚海和塔斯曼海。东坡面迎海风，气候湿润，河流水量丰富。著名的跨流域调水工程——斯诺伊雪山工程修建于澳大利亚山脉地区，通过大坝、水库和水道网，把水从东坡引向西坡，补给墨累－达令河水系。主要经济活动是种植蔬菜、水果，饲养牛、羊，以及伐木。煤矿比较丰富。设有国家公园和滑雪场，旅游业颇盛。2003 年，中部的大蓝山山脉地区自然保护区作为自然遗产被列入《世界遗产名录》。

南阿尔卑斯山

南阿尔卑斯山是大洋洲最高山脉，纵贯新西兰南岛中西部。因其风景壮观，与欧洲的阿尔卑斯山脉相似，故名。位于新西兰南岛中西部。从东北到西南大约 500 千米。最高峰是库克峰，为新西兰的最高点，海拔 3764 米。南阿尔卑斯山脉包括 16 个海拔超过 3000 米的点。山脉被冰川峡谷一分为二，其中许多峡谷东侧是冰川湖，包括北部的柯勒律治湖和南部的瓦卡蒂普湖。大部分山岭巍峨高耸，许多高峰顶部终年积雪，有大小冰川 360 多处。根据 20 世纪 70 年代末进行的一项调查，南阿尔卑斯山脉有 3000 多条超过 1 公顷的冰川，以位于库克峰巅东侧长达23.5 千米的塔斯曼冰川最有名。山脉的西坡非常陡峭，直入塔斯曼海。东坡较为平缓，由宽阔的山麓丘陵，渐降为坎特伯雷平原。地形崎岖，多 U 形谷和狭长的冰蚀湖。为东部拉凯阿、朗伊塔塔、怀塔基等大多数河流的发源地。

属湿润的海洋性温带气候。垂直于盛行的西风气流。年降水量的变化范围很大，从西海岸的 3000 毫米，靠近主分水岭的 15000 毫米，到主分水岭以东的 1000 毫米。高降水量有助于雪线以上冰川的生长。大的冰川和雪原可以在主分水岭的西部或其上找到，较小的冰川则在更靠东的地方。由于它的方向垂直于盛行的西风，这一范围为滑翔机驾驶员创造了极好的浪高条件。奥马拉马镇位于群山的背风处，因其极好的滑行条件而获得了国际声誉。盛行的西风带还形成了一种被称为"东北风"的天气模式，潮湿的空气被推到山上，在原本蔚蓝的天空中形成了一个云拱。这种天气模式在夏季经常出现在坎特伯雷和北奥塔哥。"西北风"是一种焚风，类似于加拿大的奇努克风。在奇努克风盛行的路径上，山脉携带大量水分，迫使空气向上，从而冷却空气，将水分凝结成雨，在山脉的下风处产生干热的风。

有丰富的植物群，大约有 25% 的国家植物物种在高山植物栖息地的林木线，在较低海拔的草地上有山毛榉森林。山脉的西南部形成

南阿尔卑斯山脉的库克山国家公园

宏伟壮观的峡湾，如密耳福湾。建有国家公园多处。北部有纳尔逊湖国家公园和阿瑟山口国家公园。中部有西部国家公园和库克峰国家公园。

南部有阿斯派灵山国家公园。旅游业发达。南岛东西部的气候分界线。西坡雨水充沛，森林茂密；东部位于背风雨影地区，降水较少，林木稀疏，低矮的山麓丘陵只能生长草本植物。山区多湖泊和急流瀑布，水力资源丰富。20世纪30年代起在怀塔基河及其支流和科尔里奇湖畔建起多座水电站。唯一横贯山区的铁路，穿越长达8千米的阿瑟山口大隧道，连接东岸的克赖斯特彻奇和西岸的格雷茅斯两个港口城市。

第5章 北美洲山地

科迪勒拉山系

科迪勒拉山系是纵贯美洲大陆西部的褶皱山系。科迪勒拉之名源自西班牙语 cordillera，意为"小绳子"，指由多个山脉连接组合成的绵延山系。北起阿拉斯加，南至火地岛，绵延 15000 千米，为世界最长的山系。由一系列平行的山脉、山间高原和盆地组成。主要形成于中生代末至第三纪，褶皱断层构造复杂，地壳活动还在继续，属环太平洋火山地震带的一部分。除个别地段外，山脉呈南北或西北－东南走向。北美科迪勒拉山系宽 800～1600 千米，海拔 1500～3000 米，包括东、西两列山带和宽广的山间高原—盆地带。南美科迪勒拉山系以安第斯山脉为主干，宽

科迪勒拉山系风光

300～800 千米，海拔多在 3000 米以上，最高峰阿空加瓜山海拔 6960 米，为西半球第一高峰。自然环境复杂多样，几乎包括了地球上所有的气候－

生物带，并形成多种不同的垂直带结构。高大的山系对美洲大陆气候和水文网的分布、地理环境地域分异乃至横贯大陆交通，都产生重大影响。自然资源丰富。北美洲西北沿海和南美洲的赤道附近以及安第斯山南部，森林茂密，水能丰富。有铜、铝、锌、锡、金、银、石油、煤、硫黄和硝石等多种矿藏。墨西哥、中美地区和安第斯山脉中部，是印第安人古文明发祥地。

落基山脉

落基山脉是北美洲科迪勒拉山系东部山脉的主体。名称源自印第安人对该山脉的称呼"assinwati"，意为"从大草原看上去，它们像一堆岩石"。落基山脉纵贯加拿大和美国西部，北连阿拉斯加的布鲁克斯岭，南接墨西哥境内的东马德雷山脉。全长 4800 千米。海拔一般为 2000 ～ 3000 米，最高峰埃尔伯特山海拔 4399 米。

白垩纪末至第三纪褶皱成山，并伴有广泛的断层和火山活动。根据构造和地形的差异，落基山脉大致

落基山脉风光

可分为北、中、南三段。北段指黄石国家公园以北主要在加拿大境内的落基山，西部出露前寒武纪和古生代岩层，以高大的块状山体为主；东部在长列褶皱和冲断层构造基础上，以北北西—南南东走向的条状山脉和断层谷地相互间隔为特征；其间为落基山地沟，南北延伸 1290 千米。中段指黄石国家公园至怀俄明

盆地的落基山，宽度较大，西部褶皱与冲断层构造发育，条状山脉与谷地相间；东部以单一的背斜隆起为主，山体断续延伸，走向不一，其间隔以宽广的向斜盆地。南段指怀俄明盆地以南的落基山，由两组南北向的平行褶皱山脉组成，出露前寒武纪结晶岩，有埃尔伯特山等48座海拔在4200米以上的高峰，为整个落基山脉最高耸的部分。第四纪冰期时，落基山区经受了强烈的冰川作用，冰川南侵至北纬47°，角峰、冰斗、V形谷等冰川侵蚀地貌分布很广，地处高纬的北落基山海拔较高的峰峦还有现代冰川。植被垂直分带明显，垂直带图谱受制于山脉高度、所处纬度和坡向。如森林带的上界自南向北逐渐降低；下界则湿润的西坡较低于干旱的东坡；雪线的高度在北部为2500米，南部为海拔4000米。黄松、道格拉斯黄杉、落叶松、云杉等针叶树种分布较广。动物有灰熊、棕熊、落基山羊、巨角岩羊等。

北美大陆重要的气候分界线。对极地太平洋气团东侵和极地加拿大气团或热带墨西哥湾气团西行起屏障作用，导致大陆东、西部降水的巨大差异，并对气温分布产生一定影响。西部以冬雨为主，除北纬40°以北的沿海和迎风坡降水较多外，平均年降水量皆在500毫米以下，冬季气温则高于同纬度东部各地；东部以夏雨为主，除北部高纬地区和紧靠山地的部分大平原地区降水较少外，平均年降水量都在500毫米以上。落基山脉也是北美大陆最重要的分水岭，除圣劳伦斯河外，北美洲几乎所有大河都发源于此。山脉以西的河流属太平洋水系，山脉以东的河流分别属北冰洋水系和大西洋水系。

落基山区矿产资源丰富，为北美洲著名的有色金属和贵金属矿区，蕴藏铜、铅、锌、钼、银、金等，主要采矿中心有加拿大不列颠哥伦比亚省的金伯利，美国爱达荷州的科达伦、蒙大拿州的比尤特以及科罗拉多州的莱德维尔、兑里普尔兑里克、兑莱马兑斯。非金属矿以煤、磷酸盐、钾盐、油页岩等为主。多样的自然景观和丰富的生物资源受政府控制和监管，伐木业活动仅限于加拿大不列颠哥伦比亚省、美国蒙大拿州和爱达荷州局部地区。加、美两国政府已在落基山区开辟多处国家公园、国有森林和野生动物保护区，如美国境内的落基山、黄石、大蒂顿、冰川等国家公园，加拿大境内的班夫、贾斯珀、约霍、库特奈等国家公园，以及地跨加、美两国边境的沃特敦冰川国际和平公园，其中不少被列入《世界遗产名录》，每年接待游客数以百万计。

内华达山脉

内华达山脉是美国西南部高大的花岗岩断块山地，位于加利福尼亚

约塞米蒂国家公园景观

州东部，北起拉森峰，南止蒂哈查皮山口，北北西—南南东走向，全长640千米。东坡大断崖拔立于东侧大盆地之上，西坡缓斜倾向加利福尼亚谷地，宽65～130千米，为北美洲科迪勒拉山系西缘山地的组成部分。山体连绵高峻，有10座海拔在4300米以上的山峰，其中惠特尼山海拔4418米，为美国本土的最高峰。西坡深受河流切割，多深邃的峡谷，如约塞米蒂谷等。

面迎太平洋湿润气流的西坡，降水量较多，森林茂密，有黄松、糖松、道格拉斯冷杉、红杉等。费瑟河、默塞德河等10余条河流顺坡西流，注入加利福尼亚谷地的萨克拉门托河和圣华金河，是该地区农业灌溉和城市用水的重要水源。小湖泊众多，其中面积最大的塔霍湖（502平方千米）是美国第二深湖（501米）。东坡陡峻，干旱无林，以灌木和草类为主。湖泊、瀑布、峡谷、奇峰、森林、冰川等，构成山区独特的自然景色，辟有约塞米蒂等3个国家公园和许多州立公园、游览地。

圣海伦斯火山

圣海伦斯火山是美国西北部火山，位于华盛顿州西南部，喀斯喀特山脉中北段。1857年起处于休眠状态，海拔2950米。1980年3月27日火山突然复活，间歇出现喷发活动。5月18日清晨，一次地震导致山北崩塌和滑坡，引发了美国历史上罕见的强烈火山爆发。烟云直冲1.9万米高空，火山灰随气流扩散至4000千米以外。附近河流被堵塞、改道，道路被湮没。熔岩流引起森林大火，周围几十千米内生物绝迹。山地冰雪大量融化，形成汹涌的急流，加之上升气流中大量水汽在高空凝结，暴雨成灾，冲刷下的火山灰形成泥浆洪流，毁坏沿途农田和所有设施。57人在这次火山爆发中丧生。原火山锥顶部崩坍，出现一马蹄形凹，深750米。此后该火山仍处于活动中，有多次喷发。最近一次喷发在1991年。火山海拔高度已降为2549米。1989年建立圣海伦斯山国家火山保护区。

麦金利山

麦金利山是北美洲最高峰，当地印第安人称迪纳利峰，意为"太阳之家"。位于美国阿拉斯加州中南部，阿拉斯加山脉中段。系第三纪末隆起的巨大穹隆状山体。有南、北两峰，南峰为主峰，海拔 6193.5 米；北峰海拔 5934.5 米。山峰上部 2/3 为冰雪覆盖，形成多条冰川。森林线在海拔 762 米，以杉、桦林为主。1917 年辟为麦金利山国家公园。1980 年改名为迪纳利国家公园和保护区，面积扩大至 1.92 万平方千米，居美国第二。

伊萨尔科火山

伊萨尔科火山是萨尔瓦多松索纳特省的活火山，位于内科迪勒拉山系的科斯特拉山脉。伊萨尔科城东北。距首府松索纳特约 16 千米，距太平洋海岸 40 千米。海拔 1830 米。是萨尔瓦多最年轻的火山，中美洲最活跃的火山。1770 年首次喷发，此后至 1952 年至少喷发 50 次，山体不断升高。最近一次喷发是在 1980 年。火山喷发期间，沿岸过往船只也能见到火光，被称为"太平洋上的灯塔"。附近建有旅馆和观火台。周边是美丽的咖啡种植园。

南美洲山地

安第斯山脉

安第斯山脉是世界上最长的山脉，属科迪勒拉山系的南半段，为褶皱山系。纵贯南美大陆西部，大体上与太平洋岸平行，西部的太平洋沿岸平原甚窄；东部自北向南依次为奥里诺科平原、圭亚那高原、亚马孙平原、巴西高原和潘帕斯草原。全长约 8900 千米。一般宽约 300 千米，最宽处（南纬 20° 沿线）为 800 千米，由一系列平行山脉和横断山体组成，在多数地区可分为东科迪勒拉山和西科迪勒拉山两列山脉，间有高原和谷地。其北段支脉沿加勒比海岸伸入特立尼达岛，南段向南延伸至火地岛。跨委内瑞拉、哥伦比亚、厄瓜多尔、秘鲁、玻利维亚、

安第斯山脉风光

智利、阿根廷等国。世界上高大的山系之一，海拔多在 3000 米以上，超过 6000 米的高峰有 50 多座，其中位于智利 – 阿根廷边境的阿空加瓜

山海拔 6960 米，为西半球最高峰。

安第斯山脉形成于白垩纪末至第三纪阿尔卑斯运动，历经多次褶皱、抬升以及断裂、岩浆侵入和火山活动，地壳活动持续至今，为环太平洋火山、地震带的一部分。整个山脉按构造和地形特征，分为北、中、南三段。①北段（南纬 4°以北）：在厄瓜多尔、哥伦比亚和委内瑞拉境内，山脉成条状分支，中间形成幽深的谷地。在厄瓜多尔境内，山间分布着链状的火山峰，是安第斯山的第一火山带；在哥伦比亚和委内瑞拉境内，分为三条支脉，即东、中、西科迪勒拉山。东科迪勒拉山向东北延伸，并再分为两支，一支沿哥、委边境走向，为佩里哈山脉；另一支向东北延伸至大陆北海岸，称为梅里达山脉。中科迪勒拉山脉地势较高，但延伸不长。西科迪勒拉山以较低的山势穿越中美洲，形成"中美洲陆桥"。各山脉多代表背斜构造，由于受侵蚀，轴部出露花岗岩、片麻岩等古结晶岩，两翼则残留着白垩纪、第三纪砂岩和石灰岩。②中段（南纬 4°～27°）：宽度和高度显著加大，在东、西科迪勒拉山脉之间形成广阔的山原，山体最宽达 800 千米，平均海拔 3500～3900 米。在南纬 16°～28°，火山密集，其中 5700 米以上的火山锥就有 18 座，构成安第斯山的第二火山带。地质构造为太古宙、古生代和中生代海相沉积及火山岩，表层覆盖第四纪及近代的碎屑物质。③南段（南纬 27°以南）：高度和宽度逐渐减缩，东、西科迪勒拉山逐渐收拢。山体高度由北向南递减，从 5000 米减至 1500 米。南纬 33°～43°为安第斯山的第三火山带，火山多达 30 余座。其中不乏著名火山，海拔 6960 米的阿空加瓜山是世界最高死火山，也是南美第一高峰；海拔 6800 米的图蓬加托火山为世界最高活火山。其岩石构成主要是侏罗纪和白垩纪沉积的石灰岩、页岩和砂岩,广覆新生代火山岩。越往南,山体越显示出分割破碎的形态。冰川发达,多冰川湖。

安第斯山脉是南美洲许多河流的发源地和分水岭,西侧河短流急,注入太平洋;东侧属大西洋水系,河流绵长,有世界上流域面积最广的亚马孙河。气候和生物类型复杂多样,垂直分带明显。山猫、白尾鼠、南美驼和南美秃鹰等生活在不同海拔的地区。按纬度划分:北段低纬地区垂直带谱完整,低处为热带湿润气候,生长着大量热带常绿林。由此向上,气候和植被类型依次更替,直至高山冰雪带。中段主要反映干旱特征,东、西坡之间差异明显。西坡为荒漠和半荒漠,降水不足250毫米;东坡则高温多雨,有大面积常绿林,可分布到3500米高度。南段地处中、高纬度,气候温凉湿润,温差不大,雪线较低。东坡以山地灌木、荒漠和半荒漠为主,西坡在南纬30°~37°处为亚热带硬叶林,37°以南分布有大量杉、柏、落叶松。

安第斯山区矿产丰富,农业发展较好。主要矿藏有铜、铁、锡、金、银、铂、铋、钒、煤、石油、硝石、硫黄等。其中最重要的是铜矿,矿区从秘鲁南部至智利中部,为世界最大的斑岩型铜矿床。石油主要分布在安第斯山北段的山间构造谷地或盆地中以及南段的东麓。北段低坡地带是咖啡、可可、香蕉、金鸡纳、烟草、棉稻米等的重要产区;中段高原地带以种植玉米和马铃薯等作物为主。

安第斯山区是南美洲开发最早的地区,中段山区是印第安印加文明地区,保留着古代印加帝国的许多文化遗迹。北段和中段山区海拔

1500～3500米的地区是人口密集区，居民主要为印欧混血种人，其次为克丘亚族和艾马拉族印第安人。泛美公路沿纵谷和海岸沟通安第斯山区各国。山中多垭口，有横贯大陆的铁路通过。

阿空加瓜山

阿空加瓜山是南美洲第一高峰，地处安第斯山脉阿根廷门多萨省西北端，临近智利边界，海拔6960米。由第三纪沉积岩层褶皱抬升而成，同时伴随着岩浆侵入和火山作用。峰顶较为平坦，堆积火山岩层。东、南侧雪线高4500米，冰雪厚达90米左右，发育多条现代冰川，其中菲茨杰拉德冰川长达11.2千米，终止于奥尔科内斯河，融水泻入门多萨河。山顶西侧因降水较少，没有终年积雪。山麓多温泉，附近著名的自然奇观印加桥为疗养和旅游胜地。起自阿根廷首都布宜诺斯艾利斯的铁路，穿越附近的乌斯帕亚塔山口，抵达智利首都圣地亚哥。1897年登山家首次成功登顶。

第7章

中国山地

珠穆朗玛峰

珠穆朗玛峰是喜马拉雅山脉主峰，世界第一高峰，位于中国西藏自治区与尼泊尔交界处的喜马拉雅山脉中段，北纬 27°59′15.85″，东经 86°55′39.51″，海拔 8848.86 米（2020），有地球之巅之誉。珠穆朗玛系佛经中女神名的藏语音译。18 世纪初，中国就已测定珠穆朗玛峰的位置，并载入于清康熙五十七年（1718）完成的《皇舆全览图》，称朱母朗马阿林。

◆ **地质与地貌**

珠穆朗玛峰是典型的断块上升山峰。基底为前寒武纪变质岩系，上覆古生代沉积岩系，两组岩系之间为冲掩断层带，下古生代地层即顺此带自北向南推覆于元古宙地层之上。峰体上部为奥陶纪早期或寒武–奥陶纪的钙质岩系（峰顶为灰色结晶石灰岩），下部为寒武纪的泥质岩系（如千枚岩、夹片岩等），并有花岗岩体、混合岩脉的侵入。岩层倾向北北东，倾角平缓。始新世中期结束海侵以来，珠穆朗玛峰不断急剧上升，上新世晚期至今约上升了 3000 米。由于印度板块和亚洲板块以每年 5.08

厘米的速度互相挤压，致使整个喜马拉雅山脉仍在不断上升中，珠穆朗玛峰每年也增高约 1.27 厘米。珠穆朗玛峰山谷冰川发育，山峰周围辐射状展布有许多条规模巨大的山谷冰川，长度在 10 千米以上的有 18 条，末端海拔 3600～5400 米。其中，以北坡的中绒布、西绒布和东绒布 3 大冰川与它们周围的 30 多条中小型支冰川组成的冰川群为著。珠穆朗玛峰周围 5000 平方千米范围内冰川覆盖面积约 1600 平方千米。在许多大冰川的冰舌区还普遍出现冰塔林。古冰斗、冰川槽形谷地、冰川或冰水侵蚀堆积平台、侧碛和终碛垄等古冰川活动遗迹也屡见不鲜。寒冻风化强烈，峰顶岩石嶙峋，角峰与刃脊高耸危立，遍布岩屑坡或石海。土壤表层反复融冻形成石环、石栏等特殊的冰缘地貌现象。

◆ **气候与垂直自然带**

珠穆朗玛峰气候具有明显季风特征。冬半年干燥而风大。为干季和风季。夏半年为雨季。4～5 月和 10 月是两个过渡季节，天气晴朗温和，为攀登珠穆朗玛峰的黄金季节。珠穆朗玛峰南北坡气候差异显著，南坡降水丰沛，具有海洋性季风气候特征；北坡降水少，呈大陆性高原气候特征。与此相应，珠穆朗玛峰地区的垂直自然带谱南翼属热带山地性质，北麓则为典型的草原景观。海拔 5000 米以上的高山地区以高山草甸与雪莲花、垫状点地梅、苔状蚤缀等稀疏坐垫植物占优势。珠穆朗玛峰地区的土壤含砾多、黏粒少，反映了近代自然地理过程的年轻性。

◆ **探险与科学考察**

自 1921 年起，不断有人试图征服珠穆朗玛峰，但多遭失败。直至

1953 年 5 月 29 日，英国探险队的两名队员才第一次从尼泊尔境内的南坡登上珠穆朗玛峰顶。1960 年 5 月 25 日，中国登山队的 3 名队员（王富洲、贡布和屈银华）首次从北坡登上珠穆朗玛峰顶；1975 年 5 月 27 日中国登山队 9 名队员又一次从北坡集体登上珠穆朗玛峰顶，并在主峰顶竖起了 3 米高的觇标。据此觇标中国第一次测得珠穆朗玛峰的精确高程 8848.13 米。与登山活动相配合，中国科学院也多次组织了大规模综合考察，进行了地质、地理、生物和高山生理等多门学科的研究。1988 年 5 月中国、日本、尼泊尔 3 国运动员实现了从南、北坡登顶跨越珠穆朗玛峰的壮举。1988 年建立的珠穆朗玛峰自然保护区面积为 3.38 万平方千米。2005 年 3 ～ 5 月，中国国家测绘局、中国科学院和西藏自治区人民政府联合对珠穆朗玛峰的高度重新测量，同年 10 月公布的海拔为 8844.43 米。2020 年中国测量登山队测得海拔为 8848.86 米。

希夏邦马峰

希夏邦马峰是喜马拉雅山脉中段高峰，位于西藏自治区南部聂拉木县境内，东距珠穆朗玛峰 120 千米。西藏对外开放山峰。地处喜马拉雅山脉由西北—东南走向渐变为东西走向的转折处。海拔 8027 米。希夏邦马，藏语意为气候严酷，山势雄伟险峻，气候复杂多变。峰体山前石炭纪的变质岩系组成，统称希夏邦马群，有混合岩、片麻岩、变粒岩、大理岩、片岩等，各岩系构造与山系走向大致吻合，其谷底的冰川终碛垄显示了 250 万年以来冰川发生的剧烈运动。其附近地区发现古脊椎动物化石和大量的瓣鳃、菊石及海星化石等。该峰由两个高度相近的姐妹峰组成，在主峰西北 200 米、400 米处的两个峰尖。山势雄伟，峰体周围超过 7000 米以上的高峰有 5 座。终年积雪，南坡雪线高度 5000 米，北坡雪线 6000 米。该山是喜马拉雅山脉中段现代冰川中心，冰川面积 789.75 平方千米，长度超过 10 千米的冰川有 4 条，最大的为野博康加勒冰川，长 13.5 千米。海拔 5000 ～ 5800 米发育有数千米长的冰塔区。每年 11 月中旬至翌年 2 月中旬，因受西北寒流

希夏邦马峰

影响，气温可降至 -60℃，平均气温在 -50 ～ -40℃，最大风速可达 90 米 / 秒。1964 年 5 月中国科学家在对希夏邦马峰进行多学科的综合考察时，于 5700 ～ 5900 米的野博康加勒群地层下部，发现高山栎、毡毛栎、刺栎等化石层，说明上新世以后希夏邦马峰地区约升高了 2000 米。

南迦巴瓦峰

南迦巴瓦峰是世界第十五高峰，喜马拉雅山脉东端最高峰，原称那木卓巴尔山。位于西藏自治区东南部米林县、墨脱县、波密县交界的雅鲁藏布大峡谷内侧，与加拉白垒峰隔江对峙。北倚念青唐古拉山脉，东邻横断山脉，地理位置独特。曾用名那木卓巴尔山，源于南迦巴瓦系藏语，意为直刺蓝天的战矛，素有众山之父之称。西藏对外开放的山峰。海拔 7782 米。由变质岩系组成，为更新世以后强烈隆起形成的断块峰。雅鲁藏布大峡谷围绕山麓，形成举世闻名的马蹄形大拐弯。高山构成气

流上的屏障，南北的峡谷又构成南来印度洋气流北上的通道。自然条件独特，生物植被和珍稀动物丰富，从峰顶到雅鲁藏布江谷地，海拔从 7782 米降到 500 米左

南迦巴瓦峰

右，拥有从热带雨林到冰雪带的 9 个垂直自然带，为中国最齐全、完整、宝贵的山地垂直自然带谱，堪称世界奇观。丰富的山地生态系统类型、山地植被类型，以及生物群落全部压缩在这个局促的区域，堪称世界之最。因此，南迦巴瓦被誉为世界山地植被类型的天然博物馆。

南迦巴瓦峰山体以片麻岩为主，有西北山脊、东北山脊和南山脊 3 条主要山脊。距南山脊 2000 米处有乃彭峰，海拔 7043 米，南迦巴瓦峰与乃彭峰之间的山口称为南坳。峰顶终年积雪，云雾缭绕。雨季较长，从每年 5 月延续至 9 月。三大坡壁被风化剥蚀成为陡岩峭壁，以西坡为最，坡壁上基岩裸露，残留雪崩后的溜槽。南迦巴瓦峰的冰川属海洋型冰川，受气温和降水及地势的影响，冰崩、雪崩、地震、泥石流等自然灾害频繁，1950 年曾发生 8.8 级大地震，雅鲁藏布江被堵断流。清宣统二年（1910）英国人在该地区进行探险活动。此后，各国登山者进行了多次登顶尝试，1984 年中国登山队开始攀登南峰。1992 年中国和日本联合登山队的 11 名队员首次登上南峰的主峰。1983 ～ 1984 年，中国科学院组织登山科学考察队对南峰地区 4 次进行多学科的考察。每年 2 ～ 4 月和 10 ～ 11 月是登山的最佳时机。南迦巴瓦登山大本营海拔 3512 米。

纳木那尼峰

纳木那尼峰是喜马拉雅山脉西段高峰，又称乃木那尼。位于西藏自治区阿里地区普兰县城东部。曾名拉玛朗尼，印度人称其为古尔拉－曼达塔。纳木那尼，藏语意为圣母之山或神女峰。在玛旁雍错南缘，纳木那尼峰濒湖崛起，峰顶海拔 7694 米。整座峰体由花岗岩构成。为前寒武纪变质岩系组成的孤立山峰，峰顶终年积雪，周围现代冰川发育，共有 58 条冰川，面积 7981 平方千米，多为山谷冰川和冰斗山谷冰川，其中多游冰川最大，长 8.5 千米，面积 8.89 平方千米。主峰高出雪线 2000 余米，峰顶厚重的雪盖常因细微的外因导致壮观的雪崩，瀑布般

纳木那尼峰和玛旁雍错

的雪崩下泻 1000 余米。在雪线附近分布着规模不等的冰雪幽谷，崩落下来的积雪在谷底集结成冰川。冰川融水注入马甲藏布和玛旁雍错。方圆约 200 千米内主要有 6 条山脊。西面的多条山脊呈扇形排列，山脊之间是巨大的冰川；东面唯一的山脊被侵蚀成刃脊，形成一个近 1000 米高的悬崖。每年 7 月初进入雨季，7、8 月份降水最多。在民间传说中，纳木那尼峰列喜马拉雅五座神女峰中的第五，主掌智慧福寿。

卓奥友峰

卓奥友峰是海拔 8201 米的世界第六高峰。"卓奥友"在藏语中意

为"大尊师"。位于中国和尼泊尔的交界处，北部在中国西藏自治区境内，南部在尼泊尔境内。

山势陡峭，屹立在喜马拉雅山脉，东南方距珠穆朗玛峰仅 28.1 千米。有西北、东北、西南、东南和西侧五条山脊，山体常年积雪，四周雪峰林立，层峦叠嶂，被无数条冰川覆盖，景象十分壮观。卓奥友峰西侧山下海拔 5700 米处，是兰巴冰川的源头——兰巴山口，兰巴山口下有一条南北走向的小路，是中国、尼泊尔、印度人民友好往来的民间通道之一。卓奥友地区气候变化快，冬半年为干季和风季，夏半年为雨季，呈大陆性高原气候特征。受冰川和恶劣天气的影响，攀登十分困难，北坡西山脊是传统的攀登路线。1954 年，奥地利登山队完成了首次登顶。1952～1964 年，英国、奥地利、法国、印度、联邦德国等国家的登山队从加德满都出发，沿兰巴冰川向北攀登，但只有奥地利、印度和联邦德国的登山队获得成功。2008 年 10 月，中国地质大学登山队登顶。

冈底斯山

冈底斯山是青藏高原山脉，位于西藏自治区西南部、喜马拉雅山脉之北，与喜马拉雅山大致平行。西藏季风区和非季风区的分界线。印度洋外流水系与藏北内流水系的主要分水岭。其走向受噶尔藏布—雅鲁藏布江断裂的控制。冈底斯山西起喀喇昆仑山脉东南部的萨色尔山脊（北纬 34°15′，东经 78°20′），东延伸至纳木错西南（北纬 29°20′，东经 89°10′），与念青唐古拉山衔接。海拔一般 5500～6000 米。西段呈东南走向，主要支脉阿隆干累山以同一走向并列于主脉北侧。主峰冈仁波齐峰，海拔 6656 米。

冈底斯山南侧即通称的藏南地区，气候温凉稍干燥，海拔 4000 米以下的雅鲁藏布江河谷地区为灌丛草原，较高地区为亚高山草原。这一地区草场辽阔，耕地集中，为西藏自治区人口集中、农牧业发达的地域。其北侧为羌塘高原内流区，气候严寒干燥，以高山草原为主，绝大部分土地只宜于放牧绵羊和牦牛或为无人居住的荒寂原野。冈底斯山的垂直自然带谱属大陆性半干旱类型，基带为高山草原带（北坡）和亚高山草原带（西段南坡）或山地灌丛草原带（东段南坡），往上依次为高山草甸带、高山冰缘植被带及高山永久冰雪带等。

冈仁波齐峰

冈仁波齐峰是冈底斯山主峰，位于西藏自治区阿里地区普兰县境内。冈仁波齐，藏语意为雪山之宝贝。西藏自治区著名神山，被印度教、耆那教、藏传佛教、苯教认作世界的中心。海拔 6656 米。由近似水平的第三纪全新世沙砾岩组成的锥形断块峰体。四周悬崖绝壁，山势雄伟，顶峰四季积雪，雪线高达 6000 米，冰川发育。它横贯在西藏南部的冈底斯山，峭壁千仞，冰川纵横，气势磅礴。峰顶被皑皑冰雪覆盖，与朵朵白云浑然一体。经过长期风化作用而

冈仁波齐峰

形成的天然台阶纵贯峰体中央，好像通往云端的悬梯。两侧悬崖绝壁，使整个峰体显得更庄严雄伟，似天成的神殿。顶峰宛若皇冠晶莹夺目，远远望去仅见一个浑圆的山顶。经常被白云缭绕，很难目睹其真容，峰顶终年积雪，威凛万峰之上，极具视觉和心灵震撼力。山腰较大的淡红色平台较惹眼，平台边缘被冰雪侵蚀，风化严重，呈犬牙状，平台之上有一圈凹进去的沟槽，由数千米厚的普通砾石、卵石、砂和软硬相同的砾岩组成。

据《冈底斯山海志》记载，冈仁波齐是雪山之王，高不可攀，直插云霄，主峰像国王坐床，周围群峰像顺从的臣民向主峰低头围绕：东方万宝山，传说是释迦牟尼的脚踏过的山；西方度母山峰；南为智慧女神峰；北方护法神大山。神山周围有止拉普寺、松楚寺、江扎寺和塞龙寺4座寺庙。寺内藏许多壁画、经典和佛像，是有一千多年历史的佛教圣地。千百年来，冈仁波齐一直是朝圣者和探险家心目中的神往之地。慕名前来朝圣此山的人群成千上万络绎不绝。

唐古拉山脉

唐古拉山脉是青藏高原中部近东西走向的山脉，又称当拉山，介于东经88°54′～95°20′，北纬32°20′～33°41′，西端凸起于羌塘高原东缘，东南末端与横断山脉中的他念他翁山脉—云岭山脉相接，全长约700千米，山体宽150千米以上，西段为藏北内陆水系与外流水系的分水岭，东段则是印度洋和太平洋水系的分水岭，是怒江、澜沧江和长江的发源地。中生代羌塘地块向北与欧亚板块挤压碰撞而褶皱隆起并露出海面；6500万年前印度—欧亚板块强烈地碰撞造山作用，唐古拉山地区开始出现褶皱、逆冲变形和隆升，始新世—渐新世初褶皱－冲断作用使该区地壳发生强烈短缩、增厚，并引发大规模的岩浆与火山活动，唐古拉山也快速隆升、剥蚀成为盆地的物源区；2300万年前的渐新世末伴随整个高原强烈挤压，唐古拉山地区又一次强烈隆起，后经几次造山运动约上升了3000米，隆升为当今的山体。该区域出露的最古老地层是下石炭统，主要由结晶灰岩、砂岩和板岩互层组成，夹有煤线，底部为碎屑岩沉积，古生代和中生代地层有黑云母花岗岩侵入。唐古拉山脉山峰一般海拔5500～6600米，相对高差500～1000米，主峰各拉丹冬雪山海拔6621米，雪线高度海拔5400米，现代冰川不甚发育，仅少数高峰如各拉丹冬、阿木岗（海拔6114米）、普若岗日（海拔6482米）等有小规模的山谷冰川，冰缘作用强盛，多年冻土发育，除常见的冻融滑塌、泥流等外，流石滩与石海分布较广，并可看到巨型分选石环等特殊冰缘现象。青藏公路要隘唐古拉山口海拔5231米，青藏铁路唐古拉山站海拔5072米，是世界铁路第一高站，但由于唐古拉山在这里坡缓、高差小而并不显得险要和难以逾越，有平坦的山口之说。唐古拉山自然带东段为半湿润型，西段为半干旱型，青藏公路以东海拔4400～5000米为嵩草和蓼组成的高山草甸带，海拔5000米至雪线为高山冰缘稀疏植被带，主要植物有垫状点地梅、苔状蚤缀、风

唐古拉山口风光

毛菊、火绒草、葶苈草，上部为高山永久冰雪带；青藏公路以西海拔
4500～5000米为紫花针茅、羊茅等禾草组成的高寒草原，其上接高山
冰缘稀疏植被带或部分镶接混有坐垫植物的原始高山草甸带，这些草原
与草甸均是放牧牦牛、绵羊等牲畜的天然草场。矿产有铁、煤等，地热
资源较丰富。

各拉丹冬峰

各拉丹冬峰是唐古拉山脉的
主峰，位于西藏自治区安多县多
玛区吉日乡。当地人称噶尔·各
拉丹东。为对外开放山峰。海拔
6621米。在南北长50千米、东西
宽达15～20千米的范围内，有

各拉丹冬峰

30余座海拔6000米以上的冰峰，冰雪覆盖面积达790平方千米，发育
约130条现代冰川。姜根迪如南支冰川发源于各拉丹冬西南海拔5500
米的一座无名高峰（海拔6543米），是唐古拉山最大的山谷冰川，长
12.8千米，宽1600米，尾部有5000米长的冰塔林，这里是万里长江正
源沱沱河的发源地；北支冰川长10.1千米，宽1300米，尾部有2000
米长的冰塔。各拉丹冬是安多多玛部落的著名神山。在各拉丹冬的东
南有一巨大的雪窝，当地人称噶尔·俄梅冬冬（噶尔山之奶窝），盛产
天然水晶。该山峰是藏北旅游探险的热点。

念青唐古拉山脉

念青唐古拉山脉是雅鲁藏布江与怒江的分水线，位于西藏自治区中东部，藏语称念青唐拉，意为大念神唐拉。近东西走向。西自东经90°处的冈底斯山相接，向东北延伸，至那曲附近又随北西向的断裂带而呈弧形拐弯折向东南，接入横断山脉。全长1400千米，平均宽80千米。海拔5000～6000米，主峰念青唐古拉山海拔7111米。

山脉形成于燕山运动晚期，地质构造复杂，为一系列向东逆冲的褶皱山带，沿山带南侧均有深大断裂通过。西段为断块山，南侧当雄盆地为一断裂凹陷，故南侧地势陡峭，相对高差达2000米左右，山势雄伟；北侧山势较和缓，相对高差1000米左右。山脉由西到东平均气温为0～8℃，7月平均气温10～18℃，1月平均气温-10～0℃，年较差16～20℃，西部低于东部。

念青唐古拉山以山谷冰川为主的现代冰川发育，冰川面积7536平方千米，为青藏高原东南部最大的冰川区。山脉东段受印度洋西南季风影响，降水多，雪线海拔低，约4500米，因而冰川分布集中，占整条山脉冰川总面积的5/6，且有90%分布于南侧迎风坡上，为中国海洋性冰川集中地区之一。其中有27条冰川长度超过10千米，许多冰川末端已伸入到森林地带。如易贡八玉沟的卡钦冰川长达35千米，冰川末端海拔仅2530米，为西藏最大冰川，也是中国最大的海洋性冰川。古冰斗、U形谷、终碛垄堤、羊背石、冰碛丘阜及冰蚀湖、堰塞湖（如然乌错、易贡错）等古冰川遗迹分布较多。山崩、滑坡及泥石流活动频繁，是西藏主要泥石流暴发区。如波密附近著名的古乡泥石流，即是川藏公路线上一大障碍。

山脉西段位于半干旱气候地区，发育有大陆性冰川，面积小、规模有限，雪线高度升高到 5700 米。然而，西段山脉却是青藏高原上一条重要的地理界线，与冈底斯山脉同样，不仅是内外流水系分水线，也是高原上寒冷气候带与温暖（凉）气候带的界线。分水线以北的羌塘高原以高寒草原景观占优势，土地利用以牧业为主；分水线以南即通常所称的藏南地区，为亚高山草原与山地（河谷）中旱生灌丛草原景观，种植业集中，为著名的西藏粮仓。

在山地自然景观垂直分异上，西段较简单，一般以高寒草原或草甸为基带，上接高山寒冻风化带，没有森林带；东段山脉的垂直带谱结构较复杂，属海洋性湿润型，以云杉、冷杉为

念青唐古拉山和纳木错

主的山地寒温带暗针叶林带占优势，上限可达海拔 4400 米。针叶林带具有林木生长快、蓄积量高的特点。例如波密一带的云杉林每公顷达 1500 ～ 2000 立方米，为西藏主要林产区之一。在海拔较低的易贡、通麦等暖热地区尚有以高山栎、青冈为代表的常绿阔叶林及铁杉林分布。在森林带以上则为高山灌丛草甸及高山草甸带，面积较广，为当地主要天然夏季牧场，适宜放养牦牛、绵羊等牲畜。青藏公路、川藏公路干线穿越念青唐古拉山。桑雄拉与安久拉分别为山脉西段与东段的主要山口。

横断山脉

横断山脉位于青藏高原东南部，是川、滇两省西部和西藏自治区东部呈南北向山脉的总称。因"横断"东西间交通而得名。横断山脉范围有"广义"和"狭义"之说。广义的横断山脉，介于北纬22°～32°05′、东经97°～103°，东起邛崃山，西抵伯舒拉岭，北界位于昌都、甘孜至马尔康一线，南界抵达中缅边境的山区，面积60余万平方千米。狭义的横断山脉，指怒江、澜沧江和金沙江"三江地区"的南北走向山地。境内山川南北纵贯、并列分布，自东而西有邛崃山、大渡河、大雪山、雅砻江、沙鲁里山、金沙江、芒康山（宁静山）、澜沧江、怒山、怒江和高黎贡山等。为世界最年轻山系之一，中国最长、最宽和最典型的南北向山系，唯一兼有太平洋和印度洋水系的地区。

◆ **地质与地貌**

地处中国西部地槽区与介于上述地槽区和中国东部地台区之间的康滇地轴。印支运动使区内褶皱隆起成陆，并形成一系列断陷盆地。盆地中地层为侏罗系、白垩系。燕山运动使其发生褶皱和断裂。直到第三纪中期，地壳缓慢上升，经受长期剥蚀夷平，形成广阔夷平面。第三纪末期至第四纪初期，构造运动异常活跃，统一的夷平面变形、解体，岭谷高差趋于明显。第四纪经历多次冰川作用。区内丘状高原面和山顶面可连接为统一的"基面"，"基面"上为山岭，下为河谷和盆地。

横断山脉岭谷高差悬殊，邛崃山海拔3000米以上，主峰四姑娘山海拔6250米，其东南坡相对高差达5000余米；大雪山主峰贡嘎山为横断山脉最高峰，海拔 7556 米，其东坡从大渡河谷底到山顶水平距离仅 29 千米，而相对高差达 6400 米；沙鲁里山海拔一般在 5500 米以上，北部的高峰雀儿山海拔 6168 米，其西的金沙江、澜沧江和怒江相距最近处在北纬 27°30′ 附近，直线距离仅 76 千米。金沙江、澜沧江和怒江江面狭窄，两岸陡峻，属典型的 V 形深切峡谷，以独特的原始风貌而闻名，藏语为"香格里拉"（意为心中的日月）。横断山脉山间盆地、湖泊众多，古冰川侵蚀与堆积地貌广布，现代冰川作用发育，重力地貌作用造成的山崩、滑坡和泥石流屡见。是中国主要地震带之一，有鲜水河、安宁河和小江等地震带，地震较为频繁。

◆ 气候

受高空西风环流、印度洋和太平洋季风环流影响，气候冬干夏雨，干湿季非常明显。一般 5 月中旬至 10 月中旬为湿季，降水量占全年的 85% 以上，不少地区超过 90%，且主要集中于 6、7、8 三个月；从 10 月中旬至翌年 5 月中旬为干季，降雨少，日照长，蒸发量大、空气干燥。气候有明显的垂直变化，高原年平均气温 14～16℃，最冷月 6～9℃，谷地年平均气温 20℃ 以上。南北走向的山体屏障了西部水汽的进入，如高黎贡山东坡保山，平均年降水量 903 毫米，年平均相对湿度 70%，而西坡龙陵平均年降水量 2595 毫米，年平均相对湿度 83%。

◆ 植被和土壤

植被和土壤依气候、地势而变，从东南到西北可划分为：①边缘热带季风雨林 - 红壤带。②亚热带常绿阔叶林 - 红壤黄壤带。③暖温带、温带针阔叶林 - 褐色土、棕壤带。④寒温带亚高山森林草甸 - 暗棕壤和亚高山草甸土带。其中，亚热带常绿阔叶林－红壤黄壤带带谱结构最完整，具有从亚热带到永久冰雪带的所有分带。如贡嘎山东坡海拔 1000～2400 米，为山地亚热带常绿阔叶林－黄红壤、黄棕壤带；海拔 2400～2800 米，为山地暖温带针阔叶混交林－棕壤带；海拔 2800～3500 米，为山地温带、寒温带针叶林－暗棕壤、漂灰土带；海拔 3500～4400 米，为亚高山亚寒带灌丛草甸－亚高山草甸土、高山草甸土带；海拔 4400～4900 米，为高山寒带流石滩植被－寒漠土带；海拔 4900 米以上，为极高山永久冰雪带。

◆ 资源

横断山脉是中国重要的有色金属矿产地。其中，金沙江、澜沧江和怒江成矿带，以有色金属为主的各种矿藏多达 100 种以上；雅砻江和金沙江交汇处一带的成矿带富含钒钛磁铁矿，攀枝花市铁矿是中国生产钒钛金属和其他有色金属及稀有金属的重要基地。横断山脉是中国水能资源主要分布区。以枯水位计算，金沙江干流落差达 3000 余米，水能蕴藏量近 1 亿千瓦（包括支流）。

区内有动植物生存得天独厚的自然条件，植被具有古北植物区系、中亚区系、喜马拉雅区系和印度马来亚区系多种成分，古植物的孑遗种属有乔杉、铁杉、连香树、水青树、珙桐等，特别是第三纪的古老植物种类云杉属和冷杉属种类占全国一半以上。森林资源丰富，是中国第二大林区——西南林区的主体部分，多经济林木和果木。盛产贝母、冬虫夏草、天麻、大黄、三七、麻黄等中药材。花卉种类繁多，尤以杜鹃花、报春花和山茶花著名。动物兼具东洋界西南区、古北界青藏高原区和北方华北区等多种成分，被列入《国家重点保护野生动物名录》的Ⅰ级保护动物有大熊猫、川金丝猴、滇金丝猴、白唇鹿、扭角羚、野牛、亚洲象、长臂猿、豹、云豹、绿尾虹雉等，Ⅱ级保护动物有小熊猫、斑羚、林麝、马麝、水鹿、藏雪鸡、血雉等。

◆ 社会经济

横断山脉是中国少数民族聚居地区，除汉族外，有藏族、彝族、纳西族、怒族、傈僳族、独龙族、普米族、白族、布依族等20多个民族。区内多数地区人口密度低，工农业生产水平较低。金沙江畔的攀枝花市是中国大型钢铁工业基地和重要水电基地，昌都、康定、西昌、大理、保山、丽江等均为区内重要城镇和交通要冲，西昌是中国重要的卫星发射基地。通过山区的铁路有成昆铁路、昆广大铁路和攀枝花—格里坪支线。干线公路有317国道、318国道、214国道、108国道、320国道，以及昆明—保山高速公路、成都—攀枝花高速公路，县以上城镇均有等级公路相通。岭谷间的人行、驮运小路蜿蜒崎岖，间有栈道、吊桥、溜索等。建有西昌青山机场、康定机场、攀枝花保安营机场、丽江三义国际机场、昌都邦达机场、大理机场、保山云瑞机场、芒市机场等，开辟有至成都、昆明等地的航线。

邛崃山

邛崃山是四川省都江堰市至天全县一线以西山地的总称，位于四川省西部，北邻巴颜喀拉山，南达大渡河，西起横断山脉最东缘，东至岷江。山脉近南北走向，东陡西缓，南北绵延约250千米，海拔约4000米。

是岷江与大渡河的分水岭、四川盆地与青藏高原的地理界线和农业界线，中国地势第一阶梯和第二阶梯分界线的一部分。四姑娘山为邛崃山主峰，是四川省著名山峰，海拔6250米。山体褶皱强烈，峰峦峻峭，由花岗岩、石灰岩、结晶灰岩、大理岩、砂板岩等组成，耐风化侵蚀。海拔5000米以上山地积雪终年不化，有现代冰川分布，并有古冰川遗迹。当河流横切山脊时往往形成深邃峡谷，多跌水，富水力资源，如渔子溪水电站就是利用水力资源优势建成的引水式水电站。属中亚热带季风气候向高原气候过渡地带，山区气候变化无常，昼夜温差较大。山体东坡雨泽充沛，海拔2100～2300米地带年降水量2000～2500毫米，有"华西雨屏"之称；植被茂密，是中国边茶主要产区，也是主要农业区。山体西

邛崃山岩石

坡云少雾散，气候干燥，植被稀疏，属半农半牧区。主要矿产有煤、铁、铅、锌、铜、硫、石棉和大理岩。是大熊猫、金丝猴、扭角羚等国家珍稀濒危动物重要分布区，辟有卧龙自然保护区、蜂桶寨自然保护区、喇叭河自然保护区等国家级自然保护区。邛崃山脉的西部支脉夹金山，是中国工农红军在二万五千里长征时翻过的第一座大雪山。位于四川盆地西部边缘、邛崃山脉南段山峰二郎山东麓的川藏公路，是通往西藏的咽喉要地。

四姑娘山

　　四姑娘山是中国四川省第二高山峰、邛崃山主峰，位于四川省汶川县、小金县和理县之间，为邛崃山的最高峰。藏语名为石骨拉柔达，意为大神山。因其在3.5千米内接连海拔5672米、5700米、6250米和5664米的4座山峰，故当地称之为四姑娘山。山脉近南北走向，主峰幺妹峰海拔6250米。由砂岩、板岩、千枚岩、大理岩、石灰岩组成，并有花岗岩出露；岩性质地致密，在强烈的冰川和寒冻风化作用下，山峰尖削，呈金字塔形。地处四川盆地向青藏高原过渡地带，属岷山邛崃山构造侵蚀高山区，发育现代冰川、古冰川冰蚀和堆积地貌、流水侵蚀和堆积地貌，被现代冰川覆盖的山峰有20余座。湖泊均分布于海拔3800米以上，主要由冰川侵蚀作用形成。土壤类型有山地黄壤、山地黄棕壤、山地褐土、淋溶褐土、山地棕壤、山地暗棕壤、山地棕色暗针叶林土、亚高山草甸土、高山草甸土和高山寒冻土等，土壤分异的显著特点是：①土壤垂直带谱结构多样而复杂。②带谱特性随坡向不同而有差异。

四姑娘山双桥沟

③土壤垂直带谱内以森林土壤为主。④区内土壤具过渡性。山体东陡西缓，东西坡自然景观差异显著；东坡多雨湿润，生物气候带垂直分布明显，植被基带为亚热带常绿阔叶林带，动植物丰富；西坡少雨干燥，植被属温带干旱河谷灌丛。四姑娘山有蜀山皇后、东方圣山的美称，东

南麓有四川省最大的自然保护区——卧龙自然保护区，主要保护西南高山林区自然生态系统及大熊猫等珍稀动物。1981 年，四姑娘山风景名胜区中的幺妹峰被评为中国首批对外开放的十大登山名山，1994 年被列为国家重点风景名胜区，被列入国家级自然保护区名录，2001 年被评为国家级 AAAA 景区，2005 年被批准为国家级地质公园，2014 年获得"国家环保科普基地"称号。

大雪山

大雪山是中国大渡河与雅砻江的分水岭，属于横断山脉，位四川省甘孜藏族自治州境内，介于大渡河和雅砻江之间，北接牟尼芒起山，南止小相岭，呈南北走向，由北向南有党岭山、折多山、贡嘎山、紫眉山等。牦牛山为大雪山余脉，向南伸入凉山彝族自治州境内，南北绵延 400 多千米。大雪山西部为藏族分布区，东部属汉族、藏族杂居区。

地质活动频繁，产生许多褶皱和断裂。随山体抬升，河流东西坡形成高差近 5000 米的峡谷。山体主要由砂板岩、花岗岩组成，以花岗岩为主，坡度多大于 70°。多海拔 5000 米以上高峰，且有现代冰川分布，多古冰斗、U 形谷、角峰、冰碛垄、冰碛湖等古冰川地貌。主峰贡嘎山海拔 7556 米，有西北山脊、东北山脊、西南山脊、东南山脊 4 条主山脊。属高原气候，年降水量 800 ～ 900 毫米，多集中在 7 ～ 9 月。大雪山东陡西缓，西高东低，西坡多宽缓的高原面及断陷山间盆地，气候高寒，以牧业为主；东坡为深切割的高山峡谷，气候垂直分布明显，为农、林、牧交错区。

为四川重要林区，森林受人类活动影响小，植被完整，几乎拥有从亚热带到高山寒带的所有植物物种。珍稀植物种类繁多，有植物4880余种，属国家保护的珍稀物种达400余种。东部河谷有被称为"活化石"的古老动植物，有冷杉、鳞皮冷杉、黄果冷杉、长苞冷杉、川西云杉、丽江云杉及云南松、高山松、落叶松等针叶树种。被列入《国家重点保护野生植物名录》的Ⅰ级保护植物有红豆杉等，Ⅱ级保护植物有油麦吊云杉、桃儿七、水青树等。野生动物达400余种，其中属国家保护动物的有28种。矿产有铁、铜、金、铅、锌、锡、钨、镍、铍、锂、铌、云母、石棉等。大雪山是318国道川藏线所经之处，公路通过处的折多山垭口（海拔4290米）在冰川溯源侵蚀作用下形成，是从四川盆地和大渡河谷进入川西高原海拔超过4000米的第一个垭口。

贡嘎山

贡嘎山是横断山脉及四川省最高峰，又称贡噶山，位于四川省西部的康定市、泸定县、石棉县和九龙县之间，山体呈南北走向，南北长约200千米，东西宽约100千米，平均海拔5000米以上，海拔超过6000米的山峰有45座，主峰海拔7556米。"贡嘎"为藏语，意为雪山。贡嘎山是大雪山的主峰，被当地人称为木雅贡嘎，有"蜀山之王"之称。

地质活动频繁，产生许多褶皱和断裂，山体为浅绿色花岗闪长岩。冰川发育，雪崩频繁，雪线高度5000～5200米，计有冰川110多条，面积达360平方千米，占四川省冰川面积的60%。海螺沟冰川长达15千米，是贡嘎山上最长的冰川，也是亚洲位置最东的低海拔现代冰川。

气候受海拔高度影响，气温随海拔升高而降低，而降水量随海拔升高而增大，东坡年平均气温直减率 0.67℃/100 米，平均年降水梯度 67.5 毫米/100 米。海拔 3000 米处的年平均气温 3.7℃，平均年降水量 1871.6 毫米。海拔 3000 米以上的降水梯度有所波动，仍呈现增大趋势。贡嘎山地区有木格错、五须海、仁宗海（人中海）、巴旺海（巴王海）等 10 多个高原湖泊。气候复杂多变，东坡从山麓至山顶分布有亚热带至寒带的各种气候带，相对应的植被垂直分布带为：①海拔 1000 ～ 1600 米属旱生河谷灌丛带。② 1600 ～ 2000 米为山地常绿阔叶林带。③ 2000 ～ 2400 米为山地常绿与落叶阔叶混交林带。④ 2400 ～ 2800 米为山地针阔叶混交林带。⑤ 2800 ～ 3500 米为亚高山针叶林带。⑥ 3500 ～ 4600 米为高山灌丛草甸带。⑦ 4600 ～ 4900 米为高山流石滩植被。

植物区系复杂，查明的植物有 4880 种，其中珍稀植物 400 余种。有高山动物和森林动物 400 余种，被列入《国家重点保护野生动物名录》的 Ⅰ 级保护动物有金丝猴、扭角羚、豹、绿尾虹雉等，Ⅱ 级保护动物有小熊猫、鬣羚、麝、藏马鸡等。1932 年美国探险队首次登顶贡嘎山。1957 年中国登山队 6 名运动员成功登上顶峰。1987 年在泸定县境建成海螺沟冰川公园，有中国最大的冰瀑布，冰川森林中分布有沸泉及沸泉瀑布、热泉、温泉和冷泉。

远眺贡嘎山

凉　山

凉山是中国四川盆地和四川西南部山地之间的大凉山和小凉山的总称。因山地海拔高而气候寒冷，故称凉山。习惯上以四川省美姑县境内的黄茅埂为界，其西为大凉山，其东为小凉山。大凉山介于安宁河和黄茅埂之间，南北纵贯数百千米，海拔大多 2000～3000 米，最高峰小相岭海拔 4791 米。小凉山是大雪山的东南分支，西北为大相岭和小相岭，东南隔金沙江与五莲峰相望，东北消失于四川盆地，海拔 2000～4500 米，为金沙江、马边河的分水岭。

地形为褶皱背斜山地，由砂泥岩、石灰岩、变质岩等组成。地表岩石长期经受侵蚀和剥蚀，山脊舒缓宽阔，相对高差大多在数百米以内，地理上称为凉山山原，与大雪山东西相对。山间多

凉山

断陷盆地，如昭觉、布拖、越西、竹核等，有"凉山十坝"之称。山脉间河流流向大多由北而南，山原上各河流均由中部呈辐射状流向四周，分别注入大渡河、安宁河和金沙江。

为中国东部湿润亚热带气候和西部干湿交替亚热带气候的分界线，冬半年受南支西风急流控制，夏半年受西南季风和东南季风影响，气候温和、雨量丰沛、日照充分、干雨季明显，年降水量 800～1200 毫米。受地势影响，形成多样化立体气候。是四川省铁、铜、铅、锌、镍、磷等矿产的主要产地，也是林业、牧业、中药材集中产区。凉山风景优美，

其东北坡有大熊猫栖息地，建有马边大风顶自然保护区和美姑大风顶自然保护区。

沙鲁里山

沙鲁里山是中国横断山脉的组成部分，金沙江和雅砻江的分水岭，位于青藏高原的东南边缘，四川省甘孜藏族自治州、凉山彝族自治州西部，为四川省境内最长、最宽的山脉。山脉呈南北走向，向南伸入云南省境内，南北绵亘 500 ~ 600 千米，东西宽 200 千米，是横断山脉中最为宽广的一条山脉，包括雀儿山、素龙山、海子山、木拉山等。其主体由 4500 ~ 4700 米的高原主夷平面和矗立其上的残山构成，间以少数断陷盆地和河谷。其形成是因第三纪晚期形成的夷平面在上新世末第四纪初解体，在夷平面的一些部位出现裂谷盆地而接纳河湖相沉积，此后高原持续脉动上升，由于构造断陷作用，兼之金沙江和雅砻江一些大的支流的深入切割，形成若干断陷 - 河流谷地及阶地。山体由花岗岩、石灰岩、砂板岩、千枚岩等组成。山脊海拔在 5500 米以上，山峰海拔多超过 6000 米，最高峰格聂山海拔 6204 米。保留有丰富的第四纪冰川作用遗迹，海拔 4000 米以上的山有古冰斗、U 形谷、冰碛垄、冰川漂砾、冰川湖分布，是四川省冰川湖群最为集中分布的区域，仅理塘至稻城就有 400 多个冰川作用形成的湖泊。海拔

海子山

5200 米以上的山有现代冰川分布，北部雪线海拔 5200～5300 米，南部雪线海拔 5400～5500 米。因山体高大、山谷深窄，故崩塌、滑坡等重力地貌广为发育。理塘、毛垭坝、康嘎、稻城等地带多山间盆地，山间盆地为当地主要牧场。为四川省主要林区之一，除川西云杉、丽江云杉、长苞冷杉、鳞皮冷杉、黄果冷杉及高山松、落叶松等针叶林外，还有多种高山栎及桦木。林区多鹿茸、麝香、冬虫夏草、贝母、党参、黄芪、大黄等药材。珍稀动物种类多，被列入《国家重点保护野生动物名录》的保护动物有白唇鹿、扭角羚、雪豹、盘羊、藏马鸡、血雉等。沙鲁里山是白唇鹿的分布中心。名胜有格聂圣山自然生态旅游保护区和青藏高原最大的古冰体遗迹海子山自然保护区。

云　岭

云岭是横断山脉在云南境内面积最大的山脉。北段在西藏自治区与四川省境内，称大雪山、宁静大雪山、沙鲁雪山，南段在云南省西与北部，称云岭。因山体高大，雪峰挺拔，耸入云中，故名。主要分布在云南省迪庆藏族自治州、怒江傈僳族自治州（东部）、丽江市及大理白族自治州的一些县市。余脉分布在普洱市、西双版纳傣族自治州的部分县市。山体呈南北或近南北走向，地势由北向南倾斜，北部山体海拔多在4000 米以上，海拔 5000 米以上的高峰有 20 余座；南部海拔略低，平均海拔在 3000 米左右，高峰超过 4000 米。主峰玉龙雪山的扇子陡峰，海拔 5596 米。

云岭处在三江褶皱系中部，近南北向的褶皱与断裂排列紧密，出露地层时代跨度很大，主要由上古生代、石灰二叠系灰岩、玄武岩，中生代及元古代的石鼓群、苍山群组成，岩浆岩以华力西期、印支期及燕山期酸性和基性岩浆岩构成，在其间的河谷和盆地（坝子）中零星散布着部分新生代沉积物，山顶的古夷平面上，还残留有古老的红色风化壳。

云南境内的云岭有 3 支并列，各分支北部高大狭窄，向南变矮，又产生次 Ⅰ 级分支。①西支以金沙江经石鼓的拉玛洛至剑川坝，再过洱源县乔后镇一线为界，此线西到澜沧江边。包括察里雪山、白马雪山、甲午雪山、雪盘山、清水郎等山段，西支北段狭窄高大，最高峰札拉雀尼峰海拔 5429 米。南段较宽，最高峰沙拉峰海拔 3854.8 米，高峰上终年积雪，发育古冰川及现代冰川地貌。②中支较紧凑，主要在香格里拉市、玉龙纳西族自治县、古城区、剑川县、洱源县、大理市境内，包括巴拉格宗雪山、玉龙雪山、哈巴雪山、中甸大雪山等山段，各山段中的高峰玉龙雪山主峰，海拔 5596 米，也是整个云岭山脉最高峰，顶部仍有现代冰川。③东支在丽江市、大理白族自治州东部，包括从虎跳峡出口沿金沙江向南至祥云以东的一片山地，在滇中红色高原以西。包括牦牛山、宁蒗药山，他尔布什山、马厂东山等，这一片山地又称绵绵山，主峰牦牛山海拔 4332 米。

云岭 3 支山体南延至大理、巍山、漾濞、永平一线，再向南山体渐变低、变宽，除个别高峰海拔在 3000 米以上，海拔多不超过 3000 米。山体又分为两支：①东支称哀牢山，主峰大雪锅山海拔 3137.6 米。②西支称无量山，主峰笔架山海拔 3370 米。两分支向南到红河哈尼族彝族自治州及西双版纳傣族自治州边境，延伸至中印半岛成为越南、老挝、泰国、缅甸诸国境内的高大山地。此段被视为云岭的余脉。

整个云岭山地及其余脉，跨度长达 900 千米，由于山地高低变化与纬度变化相重叠，气候具有水平与垂直相叠加。从基带看，为亚热带气候带，相叠加后则依次出现北热带、亚热带至温带等热量带，在同一山地上出现不同气候生物带的特征。由南至北，依次有热带河谷雨林、季雨林带，亚热带常绿阔叶林，温带、寒温带落叶阔叶林、针阔混交林带以及高原气候区高山草灌丛及高山寒温带等气候带。建有白马雪山、苍山洱海、哀牢山、无量山、西双版纳等国家级自然保护区及碧塔海、玉龙雪山、哈巴雪山、兰坪云岭、菜阳河等省级自然保护区。在整个山区范围内，建有香格里拉、哈巴雪山、玉龙雪山、大理、丽江古城、苍山洱海、洱源地热城、太阳河与西双版纳野象谷、无量山樱花谷等风景名胜区。

玉龙雪山

玉龙雪山是云岭山脉中最高大的山段，又称黑白雪山、寒波雪山，位于云南省丽江市玉龙纳西族自治县境内，东经 99°95′～100°25′、北纬 27°00′～27°50′。山地近南北走向，长约 60 千米，宽 10～20 千米。峰脊线平均海拔 4000 米以上，超过 4500 米的山峰有 13 座，被称为玉龙十三峰。主峰扇子陡海拔 5596 米，隔金沙江与对岸哈巴雪山的主峰（5396）相望；两峰顶部白雪皑皑、云雾缭绕，相对而立，十分壮观。因主峰附近山脊一带常年积雪，形如白色巨龙蜿蜒，因而得名。

玉龙雪山岩层由上古生代泥盆纪、二叠纪的石灰岩与玄武岩等组成。

属褶皱断块山，为第四纪以来受强烈抬升，山体部分断块抬升，同时遭受河流侵蚀和冰蚀而成的极高山地。山体高大，海拔4000米雪线以上地带常年被冰雪覆盖，发育有现代山岳悬冰川。第四纪古冰川和现代冰川所形成的冰川地貌保存良好，类型齐全，除冰蚀、冰碛地貌外，冰缘地貌的石河、石川、倒石堆等也分布普遍。在山地上还保存有第四纪丽江期和大理期古冰川冰期内所形成的古冰斗、冰川槽谷及各类冰碛、冰水沉积。冰川遗迹类型齐全，保存完好，分布范围较广，有现代冰川博物馆之美誉。

山地垂直高差高达3500米，气候与生物垂直分异显著。金沙江河谷下部为中亚热带常绿阔叶林带，向上依次出现温带到高原区的气候带，以及相应的针阔叶混交林带、针叶林带、高山草地灌丛地带及高山冰雪流石滩带。生物资源丰富，主要植物有云南松、高山松、丽江云杉、长苞冷杉、小果垂枝柏、大果红杉、高山黄背栎及高山杜鹃、绿绒蒿、报春花、兰花、龙胆花、马先蒿等，药用植物贝母、天麻、乌头、柴胡、大黄、茯苓、重楼、雪茶等分布广泛。动物资源有云豹、岩羊、亚洲金猫、雪豹、林麝、斑羚、猕猴、藏马鸡、绿尾梢红雉、白腹锦鸡、血雉、穿山甲等。建有玉龙雪山省级自然保护区及国家地质公园。玉龙雪山与山下的拉市海、虎跳峡是丽江市的主要旅游资源与景区。

玉龙雪山风光

苍 山

　　苍山是云岭中支南部高山，又称点苍山、灵鹫山、熊苍山、砧苍山，位于云南省大理市西侧，为大理市与漾濞彝族自治县的界山。北起洱源县邓川，南抵西洱河谷。东经99°57′～100°12′，北纬25°34′～26°00′。南北走向。长约50千米，宽10～20千米，面积约1000平方千米。主峰为马龙峰，海拔4122米。唐樊绰所著《蛮书》中记载的苍山为："山顶高数千丈，石棱青苍"，故苍山为山石青苍之意。白语称造赛意为熊出没的高山。

　　组成山体的岩石为元古代苍山群的片岩、片麻岩、混合岩、大理岩、夹有花岗岩侵入体，其中大理岩质地纯，花纹美丽多姿，为著名的建筑石材。属断块山地，为新生代构造运动强烈抬升过程中沿大断裂带断块抬升而成。山体高峻，全山由19峰、18溪组成，诸峰海拔多在3000～4000米。主峰顶部终年积雪，雪峰被称为苍山雪与洱海月等，组成风、花、雪、月四景。第四纪更新世时曾发生过冰川活动，古冰川遗迹较多而明显，是大理冰期的命名地。属北亚热带高原季风气候，在山体上气候与生物的垂直带谱较齐全，由亚热带经温带至高山带，生态资源丰富。建有大理苍山洱海国家级自然保护区。2014年9月苍山被列为世界地质公园。苍山与山下的大

苍山与洱海

理古城、洱海、蝴蝶泉等共同组成大理旅游景区。中和峰是苍山 19 峰的中心山峰，东部正前方是大理古城及洱海，特殊的地理位置成了俯瞰苍山、洱海风光的最佳角度。

怒 山

怒山是横断山脉中间的一列山地，念青唐古拉山的南延部分，由西藏自治区东南进入云南省德钦县后，称怒山。怒江与澜沧江的分水岭。南北走向。主体在云南省迪庆藏族自治州与怒江傈僳族自治州境内，南部可延至保山市境内。长达 400 千米，宽 18 ～ 60 千米，面积 6462 平方千米。傈僳族语称为怒果，怒指怒族，果为山，意为怒族居住的山。

地质构造复杂，为褶皱断块山，组成岩石为古老的变质岩、古生代碳酸岩、砂页岩及燕山期花岗岩。山体可分三段：①北段。由滇藏交界的阿东格尼山至贡山丙中洛，称梅里雪山，长约 120 千米，山脊线在海拔 5000 米左右，海拔 6000 米以上的高峰 10 余座，主峰卡格博峰海拔 6740 千米，是云南第一高峰。山顶终年积雪，雪线约在海拔 4000 米，有现代冰川发育，最长的明永恰冰川，冰舌下降至海拔 2660 米

怒山与怒江

的森林带内，斯恰冰川下降至海拔 3000 米。卡格博峰南侧有瀑布自千米悬崖倾泻而下，称雨崩神瀑。②中段。由丙中洛至泸水市六库附近的雪蒙山，称碧罗雪山，长 200 千米，山脊线在海拔 4000 米左右，最高

峰查布朵嘎峰海拔4820米。此段山顶冬半年积雪，曾发育过古冰川，冰川地貌遗迹普遍。③南段。雪蒙山至保山市，称怒山，长80余千米，山脊线下降至海拔3000千米左右，主峰道仁山海拔3655米，山体增宽，其间有漕涧、瓦窑、保山、昌宁、施甸等陷落盆地。穿越保山市南部后进入临沧市境内，山地分成两支，为老别山与帮马山，为怒山山脉的余脉。山脊线海拔2500～3000米，主峰永德大雪山海拔3504米。为滇西南最高峰，也是中国大陆北纬25°以南海拔最高的山峰。

因山体高大挺拔，雪峰林立，气候垂直变化显著，山体下河谷区为南、中亚热带气候，山体中上部为温带、寒温带直至高山冰雪带。怒山的西坡是迎风坡，受印度洋暖湿气流影响，降水丰沛。怒山山脉动植物资源丰富，具有常绿阔叶林、针阔混交林及针叶林，高山草地、灌丛及高山冰雪带内的动植物资源，著名的有小熊猫、雪鸡、云杉、冷杉、红杉等，还盛产冬虫夏草、贝母、麝香等药材，是研究冰川、大地构造、生物资源的重要场所，也是开展登山探险旅游的胜地。

高黎贡山

高黎贡山是横断山脉中西侧山地，位于云南省境内的怒江傈僳族自治州全境和保山市西部，怒江西岸，为怒江与伊洛瓦底江的分水岭。山地北连青藏高原，南接中印半岛，长440米，宽15～40千米，总面积约1200平方千米。山的主体部分南北走向。支脉在德宏傣族景颇族自治州北部，转为南西—北东走向。山脉中段为中缅界山。景颇语高黎贡为高日贡，即高黎家族的山，高黎家族为景颇族分支，山因此得名。傈傈语为曲过，意为独龙雪山，独龙语为独龙腊卡（山）。

整个山地大体以腾冲市东北部与泸水市交接处为界，分为三段：①北段较高，平均海拔 3500～4000 米，主峰嘎娃嘎普峰海拔 5128 米。在贡山县境，山体高大，顶峰常年积雪，发育有现代冰川，峰顶雪线以下分布着大面积的原始森林，为高黎贡山自然保护区的核心部分。②中段分布在福贡县、泸水市及腾冲市北部，平均海拔 3000 米，最高峰丫偏山海拔 4161 米。山体南北走向，狭长高耸陡峭，大部分为中缅界山，顶峰山脊一带也被高黎贡山自然保护区的原始森林覆盖，山下则为滚滚南下的怒江。怒江峡谷的主体部分，大部分出现在中段。③南段在保山市与德宏傣族景颇族自治州境内，分两支，东支呈南北走向，经腾冲市、隆阳区及龙陵县和芒市辖至国境，山峰高度逐渐降低，平均海拔 2500～3000 米，最高峰大脑子峰海拔 3780 米。西支由腾冲北部经梁河县、盈江县、陇川县等中北部按南西—北东走向入缅甸境内。山地海拔一般在 2500 米以上。主峰琅玡山最高海拔 3741 米。这两支山体走向，由东北向西南方向倾斜，山体的西坡与南坡分别被龙江、大盈江、瑞丽江等河流分割成 3 条近似平行排列的山地，成为另一种山谷相间的爪状格局。

怒江傈僳族自治州境内的高黎贡山

隆起的山地，北与东北部平均高度在 3020 米以上，西与西南部下降到 1500 米左右。组成岩石为片麻岩和花岗岩，夹有少量沉积岩和碎屑岩。属亚热带高原季风气候，垂直分带明显，山体顶保存有以常绿阔叶为主的森林植被，生物资源丰富。建有高黎贡山国家级自然保护区与小黑山省级自然保护区、铜壁关省级自然保护区、梯田等。

喀喇昆仑山脉

喀喇昆仑山脉是世界第二高山脉，世界山岳冰川最发达的高大山脉。名称源自夏语（上古蒙古语）"黑河"或"黑水"的音译，意为"黑水之山"或"黑河之山"；按突厥语解释，喀喇昆仑意为"黑色的磐石"。位于印度河以北，中国西藏和克什米尔之间。与大喜马拉雅山脉平行，呈西北—东南走向。从阿富汗最东部向东南延伸，宽度约200千米，长度约800千米。平均海拔6000米以上。塔吉克斯坦、中国、巴基斯坦、阿富汗和印度等多国边境线位于这一山脉，因此具有重要地缘政治意义。喀喇昆仑山脉绝大部分被积雪覆盖。北部雪线高度约为5300米，南部为5000米。地貌具有典型的冰蚀特征，山峰尖削、陡峻，多雪峰和巨大冰川。冰川从山峰向下发育，延展7～72千米，最大的冰川有锡亚琴冰川（72千米）、比阿佛冰川（62.5千米）、巴尔托洛冰川（62千米）。南坡长而陡，北坡又陡又短。绝壁和塌磊（大块落石的巨大堆积）占据了广阔区域。在山间峡谷中，乱石斜坡广泛分布。横向山谷狭窄、深邃、陡峭。喀喇昆仑山脉拥有20余座海拔7000米以上的高峰，其中4座海拔8000米以上。乔戈里峰，海拔8611米，又称K2峰，是世界第二高峰。"乔戈里"通常被认为是塔吉克语，意思是"高大雄伟"。"K"指喀喇昆仑山，"2"表示是第二座被考察的高峰。乔戈里峰主要有6条山脊，西北—东南山脊为喀喇昆山脉主脊线，同时也是中国、巴基斯坦的国境线。乔戈里峰是国际登山界公认的 8000 米以上攀登难度最大的山峰，也是唯一尚未在冬季攀登成功的 8000 米级独立山峰。

乔戈里峰

乔戈里峰是喀喇昆仑山最高峰，世界第二高峰，又称 K2 峰，地处中国新疆维吾尔自治区塔什库尔干塔吉克自治县与巴基斯坦交界处，喀喇昆仑山中段。西北—东南走向，海拔 8611 米。乔戈里为塔吉克语，意为高大雄伟。乔戈里峰的高度仅次于珠穆朗玛峰，在世界 14 座海拔 8000 米以上的山峰中名列第二位，被国际登山界通称为 K2 峰。乔戈里峰地区属高山高原气候，地形险恶，气候恶劣，动植物稀少。可连续降雪 4 ～ 5 天，最低温度低于 -50℃，峰顶常年被浓雾笼罩；海拔 7000 米以上经常刮 8 级以上的高空风，风速每秒 16.7 米以上，有时可达每秒 25 米。每年 5 ～ 9 月为雨季，西南季风送来暖湿的气流，化雨而降；由于升温融雪和降雨，往往造成河谷水位猛涨。9 月中旬以后至翌年 4 月中旬，强劲的西风带来严酷的寒冬。

岩石主要是黑色变质岩。峰巅呈金字塔形，冰崖壁立，山势险峻，陡峭的坡壁上布满了雪崩的溜槽痕迹。山峰顶

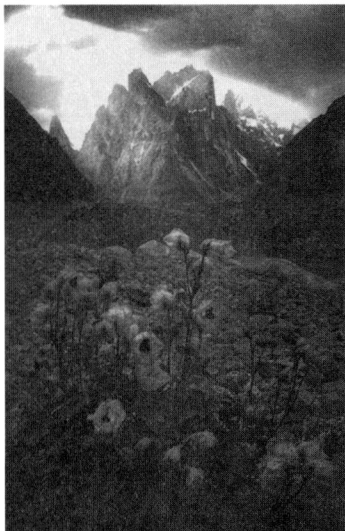

巴基斯坦乔戈里峰

部是由北向南微微升起的冰坡,面积较大。北坡如同刀削斧劈,平均坡度达 45°以上。在世界 8000 米以上高峰中,乔戈里峰是垂直高差最大的山峰,从北坡大本营到顶峰垂直高差达 4700 米。乔戈里峰北坡发育有长度分别为 22.5 千米和 44 千米的乔戈里冰川和音苏盖提冰川,其中音苏盖提冰川是中国境内最大的冰川;南坡发育有巴尔托罗冰川和厦呈冰川,长度分别为 66 千米和 75 千米。南坡现代冰川平均下限海拔 3050 米,粒雪线高度海拔 4700 ~ 5490 米;北坡冰川平均下限海拔 4000 ~ 4700 米,粒雪线海拔 5000 ~ 5700 米。北坡高于南坡,东部高于西部。

乔戈里峰的攀登难度远高于珠穆朗玛峰,是国际登山界公认的 8000 米以上攀登难度最大的山峰。登山活动一般宜在 5 ~ 6 月初进山,其时河水虽涨,但不迅猛;7 ~ 9 月登山,山顶气温稍高,天气较好且持续时间较长。

昆仑山脉

昆仑山脉是横贯中国西部的山脉。昆仑山西起帕米尔高原,横贯中国新疆、西藏、青海、四川 4 省区,止于四川西北部,全长 2500 余千米;南北最宽处在东经 90°,达 350 千米,最窄处在东经 81°附近,为 150 千米。西窄东宽,总面积达 50 多万平方千米。山势宏伟峻拔,峰顶终年积雪,屹立在塔里木盆地与柴达木盆地之南。山脉北部与盆地的高差 3500 ~ 4500 米,南部与高原的高差 500 ~ 1500 米。

◆ 地质地貌

昆仑山脉与塔里木盆地和柴达木盆地间均以深大断裂相隔。昆仑山地区以前震旦系为基底；古生代时为强烈下沉的海域并伴有火山活动，古生代末期经海西运动褶皱上升，构成昆仑中轴和山脉的中脊；中生代产生凹陷，经燕山运动构成主脊两侧 4000 米以上的山体。昆仑山脉与秦岭构成分隔中国南部与北部的纬向山脉。昆仑山脉的新构造运动强烈，晚第三纪以来上升 4000 ～ 5000 米，仅上新世以来就上升了大约 3000 米，西昆仑山近期的上升速率达到 6 ～ 9 毫米 / 年。叶尔羌凹陷中的砾石层厚度 2500 余米，河谷高阶地上则分布有第四纪火山凝灰岩和火山角砾岩；克里雅河与安迪尔河的上游均保存有中更新世玄武岩流与火山口，1951 年在新疆于田县境昆仑山中的卡尔达西火山群的一号火山爆发，并伴有现代火山泥石流。东部昆仑山第四纪以来上升了 2800 余米，相关沉积物在柴达木盆地中的埋藏深度达 2800 米。昆仑山的新构造运动具间歇性，叶尔羌河、喀拉喀什河、尼雅河两侧均形成 4 ～ 5 级阶地，出山口处形成 4 ～ 5 级叠置的洪积扇。

◆ 地势河流

昆仑山脉西高东低，按地势分西、中、东 3 段。

西段

从喀拉喀什河上游的赛图拉与叶尔羌河上游麻扎通过的新藏公路，构成昆仑山脉西、中段的分水界。西段主要山口有乌孜别里山口、明铁盖达坂、红其拉甫达坂，以及康西瓦达坂等，为通往塔吉克斯坦、克什米尔、巴基斯坦的交通要道。西昆仑山平均海拔为 5500 ～ 6000 米，海拔在 7000 米以上的山峰有 3 座, 6000 米以上的山峰有 7 座。受重重山体阻挡, 使喀拉喀什河谷中的年降水量仅为 25 ~ 30 毫米, 雪线附近的降水量则达 300 毫米左右; 北坡降水量大于南坡, 主峰形成现代山岳冰川作用中心, 年平均气温 0℃ 等温线大致沿 4000 米等高线通过, 最高山带的年平均气温为 -15 ~ -7.5℃。公格尔山(海拔 7649 米)和慕士塔格山(海拔 7509 米)是昆仑山脉的两座高峰。公格尔山的冰川面积为 300 平方千米, 有 20 余条冰舌向下散射: 北坡冰舌最长为 23 千米, 东坡和西坡 20 千米; 冰舌下达的海拔高度为 3900 ~ 4900 米。慕士塔格山的冰川面积为 898 平方千米, 有 16 条冰舌下溢, 雪线高度北坡 4800 米、南坡 5200 米。发源于西段的主要河流有叶尔羌河, 主要靠冰雪融水补给, 在盆地北部汇流成塔里木河。

中段

位于新藏公路与车尔臣河九个大坂山, 即东经 77° ~ 86°, 主脉向南略呈弧形; 克里雅山口和喀拉米兰山口是该段联系新疆—西藏通道。中昆仑山平均海拔 5000 ~ 5500 米, 海拔 6000 米以上的山峰有 8 座, 如乌孜塔格(6254 米)、慕士山(6638 米)、琼木孜塔格(6920 米)。北坡雪线 5100 ~ 5800 米。主要河流有喀拉喀什河、玉龙喀什河、克里雅河、尼雅河及安迪尔河, 除和田河上源喀拉喀什河和玉龙喀什河水量较大, 有利灌溉外, 其他河流出山后很快没入塔克拉玛干沙漠中。

东段

向东略呈扇形展开, 分为 3 支: 北支祁曼塔格山, 其南隔以阿牙克库木盆地, 东延为沙松乌拉山、布尔汗布达山、鄂拉山; 中支阿尔格山,东延为博卡雷克塔格、唐格乌拉山、布青山、阿尼玛卿山；南支为构成青南高原上的主体山脉可可西里山，东延至巴颜喀拉山，成为长江、黄河的分水岭。昆仑山垭口（博卡雷克塔格山口）是青藏公路、青藏铁路必经之道。东昆仑山海拔 6000 米以上的山峰有 4 座，5000 米以上的山峰有 8 座，平均海拔 4500 ～ 5000 米，积雪分布在 5800 米以上的山峰。昆仑山垭口一带的雪线高度，北坡 5200 米，南坡 5400 米。雪线附近的年平均气温 -9 ～ -8℃，山间谷地西大滩（4200 米）一带的年平均气温低于 -3℃，平均年降水量 350 毫米左右。山地顶部年降水量略有增加，青藏高原北坡现代多年冻土的下界在 4200 米左右。主要河流有流入塔里木盆地中的车尔臣河，流入柴达木盆地的有那仁郭勒河、乌图美仁河、格尔木河及柴达木河。前者由冰雪融水补给，属于塔里木内流水系；后 4 条河由降水与湖水补给，属于柴达木内流水系。

◆ **气候特征**

昆仑山脉几乎不受印度洋和太平洋季风的气候影响。相反，处于大陆气团的持续影响之下，引起年气温和日气温的巨大波动。其中山系中段最为干燥，昆仑山最干燥的地区，年降水量在山麓不足 50 毫米，在高海拔区为 102 ～ 127 毫米；在帕米尔和西藏诸山附近，年降水量增加到 457 毫米。在山（与北部平原交界的山）的低层，7 月平均气温是 25 ～ 28℃，在 1 月不低于 -9℃；然而在山的上部和西藏边界，7 月平均温度低于 10℃，在冬季则常降至 -35℃ 或更低。

昆仑山北坡濒临最干旱的亚洲大陆中心，属暖温带塔里木荒漠和柴达木荒漠，降水量小；随着海拔的增高，暖温带荒漠过渡为高山荒漠，降水量随之增加。雪线以上为终年不化的冰川，冰川面积达到3000平方千米以上，是中国的大冰川区之一。

◆ **水系**

昆仑山是中亚内流水系地区的一个组成部分，主要与北面的塔里木盆地和柴达木盆地及南面的青藏高原有关。冰川融水是中国几条主要大河的源头，包括长江、黄河、澜沧江（湄公河）、怒江（萨尔温江）和塔里木河。发源于喀喇昆仑山脉和藏北的大河，流水切割峡谷，穿越整个昆仑山链而去，还有疏泄外围山坡流水的小河。主要河流形成漫长曲折的河谷，有几条河流给昆仑山北缘绿洲供应灌溉用水。

昆仑山河流流量因季而异，60%～80%的流量出现于夏季月份，这时冰雪的强烈融化与最大降水结合在一起。雪和冰川的强烈蒸发导致浅盐湖的形成。此山虽然海拔很高，却由于气候极端干燥而冰川融水较少，外表积雪只存在于最高山峰的深隙之中。冰川活动的主要中心出现在海拔约接近7010米之处。所有冰川都以其陡峭和缺乏融水而引人注目。

◆ **土壤植物**

西段

昆仑山西段山地的北坡为山地荒漠和高寒荒漠景观。低于2700米的前山及中山带下部为红沙与合头草荒漠，砾-石质的山地棕漠土，上部为昆仑蒿为主的草原化荒漠，棕钙-淡栗钙土。2700～3000米的下部沙土地带合头草荒漠，上部为紫花针茅、银穗羊茅占优势的山地草原，阴坡出现小片雪岭云杉林。3000米的塔什库尔干宽谷中为高位沼泽化草甸。3100～3900米的干旱冰碛丘陵与冰水冲积扇分布着雌雄麻黄为主的灌木荒漠。谷地两侧 4000 米以上为以粉花蒿和垫状驼绒藜占优势的高寒荒漠。4500～5500 米的高山为刺矶松、高寒棘豆高寒半灌木荒漠。5500～6500 米的高山下部为高寒稀疏植被,上部为寒冻风化带。

中段

昆仑山中段山地下部为合头草、红沙半灌木为主的荒漠,上部为沙生针茅、短花针茅为主的草原化荒漠,向上过渡为针茅、昆生葱、昆仑蒿为主的高寒荒原草原。在海拔 4500 米山地内部坡麓及岩屑坡上,为垫状驼绒藜、糙点地梅组成的高寒荒漠;在海拔 4500～5500 米的下部为稀疏植被,上部为寒冻风化带;更高山峰则为冰雪带。

东段

昆仑山东段山地北坡为荒漠化草原,在海拔 3600 米以下为干燥剥蚀的基岩山地,几无植物生长,沟坡及岩屑上散生有垫状驼绒藜、红沙、合头草荒漠;3600～3800 米过渡为紫花针茅亚高山草原;3800～4500 米的山地下部是以小蒿草为主的草原化高山草甸,上部为垫状植被;4500～5000 米以上过渡为稀疏的高寒植丛和寒冻风化带;5500 米以上为高山冰雪带。

阿尼玛卿山

阿尼玛卿山是中国昆仑山东段最东端的山脉,位于北纬 34°20′～35°00′,东经 99°10′～100°30′,延伸至甘肃省、青海省交界的九曲黄河第一曲处,全长 350 千米,宽 50～60 千米,海拔 5000～5500 米,与谷底的高差超过 1000 米,终年有积雪,多冰川。

主峰阿尼玛卿峰，海拔 6282 米，分布有 18 个海拔 6000 米以上的高峰，山麓冰川发育，东坡有 27 条冰川，西坡有 30 条冰川，冰川面积达 125.7 平方千米，曾有冰水湖洪水发生。黄河流经阿尼玛卿山东

阿尼玛卿山风光

南段两侧，长度达 700 千米左右，为著名的黄河第一曲。山系在印支运动时期褶皱成山，经喜马拉雅运动强烈抬起隆升成现在典型的高山地貌，主要由三叠系和局部的晚新生代地层构成，东坡属深切割型山谷地貌，西坡中上游为冰川强烈侵蚀与沉积区，整个山体断层崖、突岩、跌水等构造地貌十分发育。东亚季风气候对其影响显著，夏季降水占全年降水量的 56% ~ 62%，山体西侧的降水少于东部，植被垂直分异显著，海拔 3200 ~ 3600 米为青海云杉、桦树等山地针叶混交林，海拔 3600 ~ 4000 米为高山柳、金露梅、密枝杜鹃等亚高山灌丛草甸，海拔 4000 米以上为高山草甸或沼泽化草甸。阿尼玛卿雪峰是青海藏区著名的神山，也是青海省最早开放的山峰，可进行登山和旅游。

可可西里山

可可西里山是中国昆仑山脉中段南支，蒙语意为青色的山梁，西起藏北高原东缘的木孜塔格峰以南，向东延伸至楚玛尔河与沱沱河间的青藏公路以西。呈东西走向，长 500 千米，南北宽约 280 千米，山地海拔 5100 ~ 5400 米。主要山峰有岗扎日、大黑台、双头山、汉台山等，最

高峰在岗扎日地区，西岗扎日峰海拔 6305 米，东岗扎日峰海拔 6167 米，两者相距 4 ～ 5 千米，发育现代小冰帽冰川。可可西里山是三叠纪末的印支运动受羌塘地块的向北挤压开始上升，喜马拉雅运动中剧烈隆起褶皱成山，第四纪有火山活动，山体大致为一巨大复向斜，岩石丰富多样，出露的最老地层为早石炭世－早二叠世地层，向斜轴部发育有中国最好、分布最广的三叠系地层，二叠纪地层出露于两翼，大黑台山底与腰部是白垩纪或第三纪紫红色粉砂岩，山顶则是新生代的火山岩，二叠纪灰岩逆冲于羌塘高原北部第三纪砂砾层之上，成为飞来峰。山势比较平缓，

可可西里风光

山体与其南北侧闭塞湖盆相对高差仅 300 ～ 400 米，多年冻土广布，高处少永久性积雪与冰川。由于深居大陆内部高原，气候寒冷干燥，主要以高寒草甸和高寒草原为主，在山地阳坡、冲积湖滨的冰冻洼地，高寒草甸草原和草原群落复合分布，种类组成和结构比较简单，高寒草甸主要以高山嵩草和无味薹草为建群种，高寒草原主要以紫花针茅、扇穗茅、青藏薹草、豆科的几种棘豆、黄芪和曲枝早熟禾等为主，常见的伴生植物有垫状棱子芹，是本区分布面积最大的植被类型。山上经常有藏羚羊、野牦牛、藏野驴、藏原羚等动物出没。

巴颜喀拉山

巴颜喀拉山是中国昆仑山脉东段南支，蒙古语意为富饶的黑（青）

巴颜喀拉山风光

山，为黄河和长江的分水岭。黄河发源于其山体西段北麓的约古宗列盆地。山体呈北西—南东走向，西接可可西里山，东接松潘高原和邛崃山，全长780千米。地势及海拔亦较低，平均海拔5000米左右，中段主峰巴颜喀拉山（藏名勒那冬则）海拔5267米，东段最高峰年保玉则海拔5369米，北坡缓坦，南坡深切，多峡谷。地质构造上和可可西里山同属于印支运动时期褶皱成山，由两组北北西向的大断层夹持而起，有广泛的三叠纪地层分布，同时还夹杂了一套海陆相交错厚度巨大的砂泥质类复理石沉积岩，岩性主要是灰绿色长石质硬砂岩、板岩及石灰岩，变形复杂，称之为巴颜喀拉群，被科学界称为中国地质百慕大。主峰巴颜喀拉山附近有中生代早期的花岗岩及花岗斑岩侵入，山麓地带末次冰期的冰川地貌发育典型。巴颜喀拉是现代青藏高原冷湿中心，南坡清水河年平均气温为-4.6℃，平均年降水量501毫米；北坡玛多站年平均气温-3.7℃，平均年降水量311毫米。北麓地区多洼地湖泊；南麓地区由于地下永久冻土存在，排水不畅，多发育湿生植物占优势的沼泽草甸。

天山山脉

天山山脉是亚洲内陆中部山系，位于地球上最大的陆地——欧亚大陆腹地。呈东西走向，横跨中华人民共和国、哈萨克斯坦、吉尔吉斯斯坦和乌兹别克斯坦 4 个国家，全长 2500 千米，南北平均宽 250～350千米，最宽处达 800 千米以上。托木尔峰是天山山脉主峰，海拔 7443 米。构成山地的主要岩石是古生代变质岩和火山碎屑岩及华力西期的侵入岩等。世界七大山系之一，为世界上最大的独立纬向山系，世界上距离海洋最远的山系和全球干旱地区最大的山系。

◆ **地质与地貌**

在地质历史上，天山地槽形成于震旦纪晚期。经加里东运动，特别是华力西运动，地槽发生全面性回返，褶皱隆起形成古天山山地。中生代至早第三纪末，古天山被剥蚀夷平成为准平原。晚第三纪，特别是上新世以后，准平原发生断块抬升，形成多级山地夷平面，后经冰川与流水交替作用成为现代天山。受板块运动影响，山地内部及边缘多断裂，新构造运动活跃，处于地震带上。

俯瞰天山山脉

在中国境内，天山山脉横亘新疆维吾尔自治区中部，东西绵延长约 1700 千米，占地 57 万多平方千米，占新疆全区面积约三分之一。天山山脉把新疆分隔成南边的塔里木盆地与北边的准噶尔盆地，是一条重要的地理分界线。天山山脉由一系列近东西走向大致平行的山脉组成，分北、中、南三带。①北天山。长约 1300 千米，分为东西两段。西段包括阿拉套山、科古琴山、婆罗科努山、依连哈比尔尕山、天格尔山等，平均海拔 4000～5000 米；东段包括博格达山、巴里坤山、喀尔里克山、梅欣乌拉山等，平均海拔 3000～4000 米。②中天山。长约 800 千米，自西向东主要有乌孙山、比奇克山、那拉提山、艾尔宾山、阿拉沟山、觉罗塔格山等，一般海拔 3000 米。③南天山。西起克孜勒苏河源，东到罗布泊以北，全长 1100 多千米。汗腾格里山以西称天山南脉，走向近北东，包括阿赖山、科克同套山、麦丹他乌山、阔克沙勒山；汗腾格里山以东，从西向东依次为哈尔克他乌山、科克铁克山、霍拉山、库鲁克塔格山等。南天山以托木尔 - 汗腾格里山最为高峻，一般超过海拔 5000 米。由此向东山势有所下降，平均海拔 4000 米左右，库尔勒以东大部分山地都在海拔 2000 米以下，最东段实际上为一岗丘带。

山体之间夹有许多宽谷与盆地，较大的有伊犁谷地、尤尔都斯盆地、焉耆盆地、吐鲁番 - 哈密盆地、巴里坤盆地、拜城盆地等，其中吐鲁番盆地最低处低于海平面以下 154.31 米，为中亚最低点。

天山山地现代地貌过程，从山顶到山麓依次为：①常年积雪和现代冰川作用带。位于海拔 3800～4200 米以上的冰雪覆盖的极高山带。天山拥有现代冰川近 7000 条，面积达 1000 平方千米。②冰缘作用带。位于海拔 2600～2700 米以上的山区，堆积了大量古代冰川沉积物，并保留了古冰斗、冰槽谷、冰坎等多种冰川侵蚀地形。寒冻风化作用强烈，负温期长达半年，仅于盛夏解冻。③流水侵蚀、堆积带。位于海拔1500～2700米（或2800米），河网密布，河谷阶地发育。④干燥剥蚀低山带。位于海拔1300～1500米以下，年降水量200～400毫米，南坡位于海拔1700～2000米以下，年降水量100～150毫米，外营力以干燥剥蚀作用为主。

◆ 气候与水文

天山在欧亚大陆中心位置决定了其具有鲜明的大陆性气候，以冬夏气温趋于极端为特征。山地气候年中明显分成冷、暖两季。冷季天气多晴朗，3000米以下的山地、盆地和谷地积雪深厚，且多雾霜。暖季（夏季）海拔3000米以上多雨雪。3000米以下气候凉爽。各地气温变化主要取决于海拔高度，山麓夏季炎热，7月平均气温在吐鲁番盆地可达34℃，而在天山腹地海拔约3200米的高度，7月气温降至5℃，终夏都可能有霜；1月平均气温在伊犁盆地为-10℃，在天山腹地高山区气温降至-23℃。在天山山地，特别是在天山西段冬季往往形成明显的逆温层结；逆温产生于10月，消失于翌年4月；1月份的逆温层结最大，可达3000米左右。

天山山地积雪分布与降水相同，同一山坡的年降水量自西到东逐渐减少，山地迎风坡（北坡）多于背风坡（南坡），山地内部盆地或谷地少于外围山地。天山北坡的年均降水量多在500毫米以上，是中国干旱区中的湿岛。其中以西段的中山森林带最多，竟达1139.7毫米（1970年记录）。海拔接近海平面的托克逊年降水量最少，只有6.9毫米。降水季节变化很大，最大降水集中在 5～6 月，最少集中为 2 月。天山山地的最大降水带随季节迁移，冬季最大降水带在海拔 1500～2000 米，夏初开始向海拔更高地带迁移，7～8 月可上升到海拔 5000 米的高山带；此后又开始回返，10 月就接近冬季最少降水带。山地暴雨历时短暂，但强度很大。

山脉属高山型，山坡陡峭。雪线高度在 3500 米以上冰川发育，锡尔河、楚河、伊犁河等中亚大河都发源于天山。在不到 20 万平方千米的山地径流形成区内，有大小河川 200 多条，年总径流量 436 亿立方米，占新疆河川径流总量的 52%。按各河流出山口以上的集水面积计算，年平均径流深 271 毫米。河流年径流变差系数一般为 0.1～0.2，年径流变差系数属中国最小地区之一。

◆ 植被与土壤

天山位于不同的生物 – 气候带中，其北侧属于温带荒漠，南侧属于暖温带荒漠，而西部的伊犁盆地属于温带荒漠草原。不同地带的水热条件明显地反映在所隶属的垂直系统中，因而天山不同坡向的垂直带结构有很大差异。植被典型垂直带谱从山麓向上依次通常为荒漠、荒漠草原、草原、针叶林、亚高山草甸、高山草甸、高山垫状植被和亚冰雪带稀疏植被、冰雪无植被带。与植被分布相对应，土壤的典型垂直带谱从山麓向上依次分别为山地灰棕漠土（或山地棕漠土）、山地棕钙土、山地栗钙土、山地黑钙土、山地灰褐色森林土、亚高山草甸土、高山草甸土。随着水热条件的变化，天山的南坡与北坡、西部与东部的植被和土壤垂直带谱有所差异，会增加或缺失某些植被带或土壤带。

◆ 自然资源

天山地区资源十分丰富，主要有森林资源、草地资源、动植物资源、水资源和水力资源、矿产资源、旅游资源等。以山地雪岭云杉针叶林为主的森林资源面积达 50.85 万公顷以上，而广袤的山地草场更是为新疆畜牧业发展提供了优厚的基础条件。动植物资源主要有盘羊、雪豹、猞猁、马鹿、天山羚羊、旱獭、苍鹰、雪莲花、贝母、党参以及第三纪孑遗植物野苹果、野杏、野核桃等。水是人类生存之源，在天山顶上有世界最大的冰川，汇成无数条河流，灌溉着大漠绿州之上的阡陌桑田。天山地区水能蕴藏量巨大，已建成恰布其海水库、吉林台水电站、铁门关水电站、肯斯瓦特水利枢纽工程等一大批水力开发设施。天山地区是新疆重要的矿产地，拥有煤、石油、铜、锌、金、盐等多种矿产，比较有名的产地有三道岭煤矿、苇湖梁煤矿、吐哈油田、阿希金矿、土屋铜矿等。天山山地自然景观类型多样，冰川、湖泊、森林、草原壮丽而奇美，旅游资源得天独厚。博格达峰、天山天池、赛里木湖、那拉提草原、唐布拉、天鹅湖、江布拉克等景区闻名遐迩。2013 年，中国境内天山托木尔峰、喀拉峻—库尔德宁、巴音布鲁克、博格达 4 个片区以新疆天山名称成功申请为世界自然遗产，成为中国第 44 处世界遗产。

托木尔峰

托木尔峰是天山山脉最高峰，位于新疆维吾尔自治区温宿县北部、天山山脉西段的南天山。托木尔，维吾尔语意为铁峰。托木尔峰为托木尔山主峰，山势高峻，海拔 7443 米，是天山最高峰集中区，形成了群峰簇拥、雄伟壮丽的雪峰冰川奇观。6000 米以上的高峰包括 1978 年中国科学院对托木尔峰进行综合科学考察时命名的雪莲、阿克他什（白玉）、却勒博斯（虎峰）、科学、台兰及科其尔卡峰等高峰共 15 座，6800 米以上的高峰 5 座。

◆ 地质与地貌

托木尔峰主体以古生代志留系变质岩、火山岩为主，岩性为大理岩化灰岩、硅灰岩、大理岩并夹云母片岩、绿泥片岩、流纹板岩和石英板岩等，岩性坚硬，抗风化力强，形成突起的气势雄伟的托木尔峰、汗腾格里峰（6995 米）等高大山结，高耸于天山群峰之上。大地构造为一复背斜，属南天山褶皱带的哈里克套复背斜的西段，背斜核部位于汗腾格里山。褶皱轴部呈东西走向，发育东西向为主逆断层，规模较大。其中，图拉苏达坂—长吾子沟深断裂，呈北东—东向延伸，是那拉提断裂的西端。

南天山地势北高、南低，北部山势高峻，分布有 3 条东西走向的山脉，由南向北依次为托木尔山、汗腾格里山和哈拉周里哈山。地貌具有明显的地带性分布规律，受气候垂直地带性与水平地带性影响，从山顶到山麓依次有冰川积雪覆盖的极高山和高山、冰缘寒冻风化高山、流水侵蚀中山、干燥剥蚀低山丘陵、冰碛平原、冰水平原、洪积扇倾斜平原、洪积－冲积扇倾斜平原、河流冲积平原、沼泽平原和风沙 12 种地

托木尔峰

貌类型。第四纪冰川曾伸展到山麓地带,南坡拥有完整的古冰川遗迹,有典型的冰川槽谷、最大规模的终碛垄和侧碛堤、巨大的冰川漂砾等遗迹。托木尔-汗腾格里山汇是天山最大现代冰川发育中心,雪线海拔3800~4200米,有冰川670条,冰川面积2706平方千米,冰川储量474立方米,是仅次于珠穆朗玛峰、乔戈里峰的世界著名第三大山岳冰川集中分布区。托木尔峰发育着全球具有代表性的树枝状山谷冰川地貌和平顶冰川地貌,高峰区角峰、刃脊、冰斗和槽谷随处可见,冰碛地形极为发育。

◆ **气候与水文**

托木尔峰北邻伊犁谷地,南向塔里木盆地,属温带大陆性气候。气候因素随海拔而变化,南北坡水热条件差异十分明显,北坡海拔3700米以上常年积雪,最冷月(1月)平均气温低于-24℃,最热月(7月)平均气温低于0℃;南坡海拔4200米以上常年积雪,最冷月(1月)平均气温低于-23℃,最热月(7月)平均气温低于2℃。托木尔峰是天山最大降水中心区,降水集中在夏季和冬季,北坡降水量显著高于南坡。北坡中山带年降水量500~600毫米,海拔4000~5000米的高山带800~1000毫米,托木尔峰和汗腾格里峰附近900毫米左右,迎风坡高达1000毫米以上。

以冰雪融水补给为主的河流,其径流周期波动主要受温度周期波动的影响,温度对径流量变化的影响显著大于降水对径流的影响,降水是径流周期变化的次要控制因子。中国境内发源于托木尔峰山汇南部冰川区的较大河流有木扎尔特河、喀拉玉尔滚河、台兰河、阿特奥依拉克河、库玛拉克河等。东侧木扎提河谷古来为天山南北险巇捷径，附近有温泉多处。

◆ **生物与土壤**

托木尔峰南北坡主体均属泛北植物区，欧亚森林植物亚区和天山地区。共有野生维管束植物 397 属 1218 种，其中被子植物 388 属 1202 种，占该地区维管束植物种数的 98.69%，处于绝对优势地位。托木尔峰区南北坡野生动物资源丰富，有金雕、秃鹫、兀鹫、胡兀鹫、高山雪鸡、棕熊、猞猁、雪豹、盘羊、北山羊、狍、狐、马鹿、旱獭、野猪等动物。峰区以北为西汉乌孙故地，是天马、汗血马原产地，伊犁马也以体态高健、乘挽兼用而著名。

托木尔峰在 70 千米的水平距离内，海拔从 1450 米升至 7443 米，在南坡发育了完整的 7 条垂直自然带：①暖温带荒漠带，海拔 1450～1900 米。②温带荒漠草原带，海拔 1900～2200 米。③山地草原带，海拔 2200～2600 米。④亚高山草甸带，海拔 2600～2900 米。⑤高山草甸带，海拔 2900～3600 米。⑥高山垫状植被带，海拔 3600～4250 米。⑦冰雪带，海拔 4250～7443 米。天山南坡相应发育了土壤垂直带谱，自上而下呈规律性变化，依次为：①山地棕漠土带，海拔 1450～1900 米。②山地棕钙土带，海拔 1900～2200 米。③山地栗钙土带，海拔 2200～2600 米。④亚高山草甸土带，海拔 2600～2900 米。⑤高山草甸土带，海拔 2900～3600 米。⑥高山原始土带，海拔 3600～4250 米，向上直至积雪带。

汗腾格里峰

　　汗腾格里峰是托木尔－汗腾格里山汇地区高峰，位于中国和吉尔吉斯斯坦国界线上，天山山脉西部阔（科）克沙勒岭与哈尔克他乌山的结合部位。东与天山山脉最高峰——托木尔峰（7443.8米）相邻，西邻吉尔吉斯斯坦境内伊塞克湖盆地，北邻伊犁河谷地，南邻塔里木盆地北缘

汗腾格里峰

的阿克苏绿洲。大致呈南北走向，海拔6995米。汗腾格里峰一带地势高峻，山岭海拔多在4000米以上，6000米以上的高峰多达40座，山地大面积突出于雪线上，形成中国境内天山和整个天山山系的最高部分。地质上为古生代奥陶纪地层，岩性为砂岩、砾岩、大理岩化灰岩及千枚岩化泥岩、炭质页岩等，属加里东褶皱带，在其南北两侧为海西褶皱带，依次向外为中、新生代褶皱带，最后现代山体升起于新近纪末至第四纪初的喜马拉雅运动之后。

　　汗腾格里峰山体高大，面迎西风气流，降水较丰富，在海拔3200米处年降水量500毫米，5000米以上地区年降水量达900毫米左右；海拔3200米以上地区年均温为负值，为大规模冰川发育提供了极其优越的条件，故在托木尔—汗腾格里山汇地区，形成天山山脉现代冰川作用的最大中心，中国境内天山山脉有现代冰川6896条，总面积9548平方千米，其中53%集中于此，以山汇为中心呈不对称放射状分布。在托木尔峰与汗腾格里峰之间，发育了最大冰川——南依诺尔切克冰川，长61千米，下游伸入吉尔吉斯斯坦境内；此外还有台兰峰东

侧的土盖别里齐冰川，长37.8千米，西琼台兰冰川长25千米（雪线4200～4300米，冰川作用下限3084米）等。这些冰川以长大的树枝状山谷冰川最为发育，拥有多级支流和狭长的冰舌，冰面表碛密布，冰面湖、数百米深的冰裂缝、冰溶洞、冰钟乳、水晶墙、冰塔、冰锥、冰蘑菇、冰桌和冰下河等热喀斯特发育，形态上有其独特之处，因此有土耳其斯坦型冰川之称，中国则称为托木尔型冰川。众多冰川和大面积的积雪消融，是其南北坡阿克苏河、木扎尔特河和特克斯河等的主要补给来源，并孕育着阿克苏地区与伊犁哈萨克自治州的片片绿洲。

博格达峰

博格达峰是中国境内北天山东段博格达山脉的主峰，位于新疆维吾尔自治区阜康市境内。为天山东段的最高峰，海拔5445米。博格达峰距离乌鲁木齐市80千米，晴朗天气即可瞭望博格达峰的雄姿。

◆ 地质与地貌

博格达山脉北邻准噶尔盆地，南隔达坂城谷地与吐鲁番盆地相望，近东西走向。博格达山西部以博格达峰为顶点，呈向北突出弧形；中部以科依提达坂为顶点，呈向南突出弧形。海拔4000米以上的山脊和山峰基本分布于弧形西翼，为华力西褶皱的复背斜，于晚古生代形成山地，至中生代已剥蚀成准平原，在晚第三纪末和早第四纪喜马拉雅运动后形成现山地外貌。

博格达峰

山峰由古生代石炭系灰岩、砂岩、闪长玢岩、凝灰岩、火山角砾岩构成，极富刚性，抗风化力强。地质构造属阴山—天山纬向构造带，由北天山海西褶皱带的博格达复背斜组成，于晚古生代形成山地，至中生代已剥蚀夷平为准平原，在新近纪末和新构造运动后形成现外貌轮廓。在 2.5 千米的距离内，形成四壁陡峭、气势雄伟的博格达峰（5445 米）、土耳帕拉提峰（5287 米）和朱万铁列克峰（5213 米）高大山脊和笔架形山脊，高耸于群峰之上。

◆ 气候与水文

博格达峰处于干旱区荒漠包围之中。由于山体高大，拦截了较多水汽。在 3500 米以上高山地区，年降水量达 600 ～ 700 毫米，年平均气温 -6℃，雪线以上低于 -9℃。博格达山地受断裂构造与断块差异性抬升及剥夷作用，山地梯级层状地貌显著，发育三级夷平面，分别是海拔 4000 米、海拔 2800 ～ 3200 米和海拔 1600 ～ 2200 米。受气候垂直地带性与水平地带性影响，地貌类型组合自高向低依次是现代冰雪极高山、冰缘寒冻风化高山、流水侵蚀中山、半干燥和干燥剥蚀低山、冲洪积倾斜平原、冲积平原和风沙地貌。博格达峰现代冰川分布比较集中，为天山东段最大的现代冰川作用中心，共有冰川 113 条，冰川总面积 101.42 平方千米。其中，直接发源于博格达峰的白杨河、四工河、三工河、古班博格达河及黑沟流域的冰川有 69 条，面积 67.28 平方千米。冰雪融水是南北坡河流的重要补给来源，孕育滋养了阜康市、达坂城和托克逊等地的绿洲。

◆ 植被与土壤

博格达峰具有天山北坡最典型的垂直自然带谱，是全球温带干旱区山地垂直自然带的最典型代表，是新疆天山高山湖泊景观美的典型代表。从山顶到平原，植被与土壤垂直带谱十分明显，北坡在 80 千米的水平距离内，海拔从 700 米升至 5445 米，发育了 7 个完整的垂直自然带，自上而下分别为：①冰雪带，海拔 3700 ～ 5445 米。②高山甸状植被带，海拔 3300 ～ 3700 米。③高山草甸带，海拔 2900 ～ 3300 米。④亚高山草甸带，海拔 2700 ～ 2900 米。⑤山地针叶林带，海拔 1650 ～ 2700 米。⑥山地草原带，海拔 1100 ～ 1650 米。⑦温带荒漠带，海拔 700 ～ 1100 米。相应发育了 6 个土壤类型：①高山原始土壤，海拔 3300 ～ 3700 米。②高山草甸土，海拔 2900 ～ 3300 米。③亚高山草甸土，海拔 2700 ～ 2900 米。④灰褐色森林土，海拔 1650 ～ 2700 米。⑤山地栗钙土，海拔 1400 ～ 1650 米。⑥山地棕钙土，海拔 1380 ～ 1400 米。其中，有 3 种土壤的表层部分为中性偏酸外，其他土壤为中性偏碱。土壤有机质含量高，表层土壤富含氮、磷、钾等元素。

阿尔泰山脉

阿尔泰山脉位于中国新疆维吾尔自治区北部，斜跨中华人民共和国、哈萨克斯坦、俄罗斯、蒙古国境，呈西北—东南走向。阿尔泰山脉为西西伯利亚与南部干旱盆地的自然分界。是典型的断块山，为亚洲宏伟山系之一。绵延 2000 余千米。主峰别卢哈山，位于俄罗斯与哈萨克斯坦交界处，海拔 4506 米。

中国境内的阿尔泰山属中段南坡，由一系列连绵不断的高大山地组成，山体长达 500 余千米，宽 60 ～ 150 千米，南邻准噶尔盆地，西部的山体最宽，愈向东愈狭窄，高度也渐低下。主要山脊在 3000 米以上，北部最高峰为友谊峰，海拔 4374 米，是阿尔泰山最大的冰川作用中心和最大的冰川集中分布区。在纵向上，地势自西北向东南降低；在横向上，自北向南逐级下降；从北部国界线上，向南逐渐下降到额尔齐斯河谷地，山地轮廓呈 5 级阶梯层状。山地受第四纪冰川作用，高山地区冰蚀地形发育，并有现代冰川，中低山地区冰碛物堆积地形遍布。主要岩石为花岗岩和片岩。

◆ **地质与地貌**

阿尔泰山由阿尔泰褶皱带的乌列盖地向斜褶皱带与富蕴地背斜褶皱带组成，属阿尔泰－萨彦岭纬向构造带，系海西早期褶皱的巨大复背斜，构成西北—东南走向、向南突出的弧形构造系统。在大地构造上，哈萨克斯坦斋桑北准噶尔板块和西伯利亚板块，在晚古生代碰撞结合形成的一个古生代造山带，阿尔泰山脉处在这两大板块的接合部，此后山体被基本夷为准平原；新近纪末以来，受喜马拉雅运动和第四纪新构造运动的影响，阿尔泰山山体被西北—东南向右旋走滑为主的四组断裂构造切割，发生强烈断块位移抬升，形成断块状山地；沿北西向断裂带发育串珠状分布的冲乎尔、可可托海、托吐尔洪等断陷盆地，形成了自北向南梯级下降的断块山地与断陷盆地相间的

阿尔泰山脉

地貌格局。

阿尔泰山最突出的特征是阶梯层状地貌，发育 5 级夷平面：①一级夷平面，海拔 3200 米以上。②二级夷平面，海拔 2600 ～ 3000 米。③三级夷平面，海拔 2000 ～ 2400 米。④四级夷平面，海拔 1200 ～ 1500 米。⑤五级夷平面，海拔 800 ～ 1000 米。地貌垂直分带明显：①现代冰雪作用带。海拔 3200 米以上。山形波状起伏、山峰突出。以友谊峰和奎屯峰为中心，发育冰斗冰川、悬冰川和山谷冰川，雪线高度在海拔 2850 ～ 3350 米。友谊峰南坡的哈纳斯山谷冰川冰舌可延伸到 2416 米，富蕴北部的悬冰川的冰舌下延至 2860 米。②冰缘作用带。海拔 2400 ～ 3200 米。受冰缘寒冻剥蚀、雪蚀和融冻作用，古冰川作用遗迹遍布，发育有多年冻土和季节冻土，积雪长达 8 个月。③侵蚀作用带。海拔 1500 ～ 2400 米。以流水侵蚀作用为主，山顶起伏大，切割强烈，峡谷深 1000 ～ 1500 米；古冰川作用地形依稀可见，散布古冰斗、双层 U 形谷、漂砾、羊背石、融冻泥流阶地等。位于此带的喀纳斯综合自然景观保护区和布尔津喀纳斯湖国家地质公园，自然景观优美，被称为人间净土。④干燥、半干燥剥蚀作用带。海拔 1000 ～ 1500 米。山顶起伏呈浑圆状，切割深度 500 米左右，断陷盆地呈串珠状发育。⑤干燥剥蚀作用带。海拔 700 ～ 1100 米。断块台地与洼地相间分布，丘陵东部地势高，向西逐渐降低，坡积、残积物发育。⑥山前为阿尔泰山各大河流的冲积、洪积扇倾斜平原和冲积平原带。

阿尔泰山现代冰川发育，有冰川 416 条，面积 239.2 平方千米，储冰量 164.92 亿立方米，折合储水量 148.43 亿立方米。其中最发育的地区之一是友谊峰和奎屯峰（4104 米）及其邻近的数座 4000 米以上的高大山脊区，友谊峰是哈纳斯河源区，发育有 210 条保存完整的冰川，冰川和永久积雪覆盖总面积在 400 平方千米以上，冰川面积和冰储量分别为 209.51 平方千米和 13.4 立方米，分别占中国阿尔泰山冰川面积和冰储量的 71.46% 和 70.08%。哈纳斯冰川是在奎屯峰与友谊峰西南坡由两支冰川汇合而成的冰川，是阿尔泰山最大的冰川；长 10.8 千米，冰舌末端海拔 2416 米，面积 30.13 平方千米，冰川最大厚度约 130 米，最薄处 9 米；是中国海拔最低的山谷型冰川，雪线海拔 3250 米；发育有槽谷、冰斗、角峰、刃脊、冰坎、冰塔林、冰舌、冰上河、冰面湖、冰洞、冰井、冰蘑菇、冰裂隙、冰桥等多种多样的冰川地貌。奎屯峰及其东部也有现代冰川发育，形成很多冰斗；冰斗海拔 3400 米左右，冰川下限最低可达 2860 米。阿尔泰山第四纪古冰川地貌特别发育，冰川遗迹种类繁多。在海拔 1500 ~ 3200 米的高中山带，古冰斗、U 形谷、刃脊、角峰、鲸背岩、羊背石、冰刻槽和冰擦痕等冰蚀地貌保留完整，冰川漂砾、侧碛、终碛垄、冰碛扇、冰碛平原、冰碛丘陵、融冻泥流阶地和冰水沉积物等冰碛地貌广泛发育。新疆阿尔泰山有湖泊 300 多个，分布于现代冰川附近和冰缘带，包括冰斗冰蚀湖、冰川阻塞湖、冰碛堰塞湖和复合成因型冰川湖。冰川退缩堵塞河道可形成终碛垄堰塞湖，如喀纳斯湖、白湖、双湖等；古冰川刨蚀作用形成的洼地或冰斗积水也可形成湖，面积大多 0.01 ~ 0.5 平方千米，如黑湖、千湖等。

◆ 气候与水文

阿尔泰山耸立于亚洲腹部的干旱荒漠和干旱半荒漠地带，具有明显的大陆性气候特征，其特点为：春秋温暖，冬季寒冷，全年无夏，雨量充沛。气温变化随高度增加而递减，年平均气温 -0.2℃，极端最高和极端最低气温分别为 33.3℃ 和 -51.5℃，最热月 7 月和最冷月 1 月的月平均气温分别为 15.9℃ 和 -16.0℃；无霜期 80～108 天，年日照时数 2157.4 小时。携带大西洋水汽的西风环流，顺额尔齐斯河谷地和哈萨克斯坦斋桑谷地长驱直入，向北遇阿尔泰山，被迫抬升而产生降水。降水量随海拔升高而增加，低山带 200～300 毫米，中山带 300～600 毫米，高山带 600～1000 毫米；山体西部比东部湿润；冬夏多，春秋少；降雪多于降雨，且积雪时间随高度增加而延长，中高山带积雪长达 6～8 个月，低山带 5～6 个月。

新疆阿尔泰山是中国现代冰川的主要分布区之一，储量丰富的冰川对区内水分起着重要的调节作用。阿尔泰山发育了额尔齐斯河和乌伦古河。额尔齐斯河和乌伦古河均为典型的梳状水系，上游多峡谷和断陷盆地，落差大，河水清澈，含泥沙少，水力蕴藏量约 50 万千瓦，但开发利用程度较低。①额尔齐斯河。由哈巴河、布尔津河、克兰河、喀拉额尔齐斯河、卓尔特河、喀依尔特河、库依尔特河等支流汇聚而成，是新疆境内唯一的外流河；流向受额尔齐斯断裂控制，自东向西流出国境注入斋桑泊，最后注入北冰洋，是中国唯一的北冰洋水系；在中国境内流域面积约 5 万平方千米，全长 633 千米，多年平均流量 119 亿立方米；以降雨、积雪和冰川补给为主，占年补给量的 72%。②乌伦古河。支流均在山区，山前为散失区，二台站以上流域面积 2.2 万平方千米，全长 573 千米，多年平均流量 11 亿立方米；补给来源以冬季积雪为主；

最后归宿为乌伦古湖。

◆ **土壤与植被**

阿尔泰山南坡土壤主要在坡积物、冰碛物以及花岗岩、片岩山体基质上发育而成，具有完整的垂直带谱结构。自上而下依次分布有高山原始土、山地冰沼土、高山草甸土、亚高山草甸土、山地棕色针叶林土、山地黑钙土、草甸沼泽土、山地栗钙土、山地棕钙土、山麓平原棕钙土。

阿尔泰山自西向东发育了阿尔泰山南坡完整的垂直自然带，自上而下为：① 3200 米以上为冰川积雪裸岩带。② 2600～3200 米为高山稀疏植被带（高山垫状植被带）。③ 2400～2600 米为亚高山草甸带。④ 1300～2400 米为森林草原带。⑤ 1000～1300 米为山地草原带。⑥ 800～1000 米为荒漠草原带。植被分布下限由西向东增高，如森林下限为 1200～1900 米，荒漠草原带下限为 500～1500 米，荒漠上限为 500～1100 米。呈现了阿尔泰山东南部山地从北极苔原、高山草甸、亚高山草甸、欧洲－西伯利亚泰加林、北方森林草原一直到亚洲中部荒漠草原等地带性自然景观。植被自西向东由欧洲－西伯利亚山地森林向中亚温带荒漠草原过渡，展示了阿尔泰山南坡植物群落类型由寒湿型向暖干型演变的生物生态过程。

◆ **自然资源**

阿尔泰山的自然资源极其丰富，主要有森林资源、草场资源、野生动物资源、矿产资源、旅游资源等。①森林资源。阿尔泰山为新疆第二大林区，主要树种有西伯利亚落叶松、红松、云杉、冷杉等针叶林和桦、杨等阔叶林。②草场资源。东南部草原辽阔，草质优良，总面积近 2.7

万平方千米；是中国重要畜牧业基地，水草丰盛、植物品种繁多的天然草场，养育了常年以游牧形式牧放而闻名中国的阿勒泰大尾羊。③野生动物资源。野生动物繁多，有盘羊、雪豹、紫貂、马鹿等数十种珍贵动物。④矿产资源。已探明矿藏有84种。其中，黄金储量居新疆首位，铍、白云母、钾长石探明储量居中国第一，镍储量居中国第三，铷储量居中国第五，还产海蓝宝石、水晶、碧玺、紫牙乌等名贵宝石。有著名的有哈图金矿、喀拉通克铜镍矿、可可托海宝石矿等。⑤旅游资源。阿尔泰山优美的自然资源是高山旅游的理想胜地，适于生态休闲、避暑、徒步和滑雪运动。此外，阿尔泰山岩画绵延数千里，遍布各山间，号称"岩壁上的敦煌"；布尔津河上游的喀纳斯湖，海拔1374米，湖中有红鳞鲑、北极茴鱼、西伯利亚斜齿鳊等珍贵特有鱼类；还有布尔根、卡拉麦里山、福海等独具特色的旅游胜地。

友谊峰

友谊峰是阿尔泰山脉塔蓬博格多山汇的主峰，位于中国、蒙古国、俄罗斯、哈萨克斯坦共和国四国交界处，耸立于中、蒙国界上，距蒙古国界线很近，在两国的界峰奎屯峰南面3000米处。走向大致为西北—东南走向，海拔4374米。友谊峰区主要由奥陶系灰色、浅灰色的浅海－滨海相碎屑岩和花岗岩等组成。历经各地质时期的构造运动和侵蚀、夷平塑造，最后经喜马拉雅运动断块隆起逐步演化为山地面貌。

塔蓬博格多山汇地区有4000米以上的高峰数座，山势高峻巍峨，可拦截西风环流水汽和北冰洋的部分水汽，使年降水量达800～900毫

米。在海拔 3000 米以上地区，年均温多为负值，现代冰川面积约为 47
平方千米，占阿尔泰山冰川总面积的 15%，形成了阿尔泰山现代冰川作
用的中心。阿尔泰山最大的山谷冰川，为友谊峰南坡发育的哈纳斯冰川。
哈纳斯冰川长 10.8 千米，面积 30.13 平方千米，冰储量约 39 亿立方米，
最高点海拔 4374 米，冰川末端海拔 2416 米；朝向西南，呈直线型；冰
川最大厚度超过 130 米，最小厚度 9 米；雪线 3000 ~ 3100 米，是中国
末端最低的冰川。哈纳斯冰川是额尔齐斯河最大支流布尔津河的发源地
和主要水源补给区。哈纳斯河流域的冰川是阿尔泰山的冰川中心区，冰
雪覆盖总面积大约在 400 平方千米以上，其面积和储量分别占中国境内
阿尔泰山区冰川数量的 71.46% 和 70.08%。友谊峰是中国登顶最晚的山
峰，2000 年才成功登顶。

奎屯峰

奎屯峰是阿尔泰山脉塔蓬博格多山汇的山峰，地处新疆维吾尔自治
区阿勒泰地区布尔津县北端，中国、俄罗斯、蒙古国 3 个国家的交界处。
位于友谊峰的北西方向，两峰间直线距离仅 2000 多米。山脉走向大致
为西北—东南走向，海拔 4104
米。山峰由中心向 3 个方向延伸
的山脊成丁字形，向西南延伸的
山脊成中国与俄罗斯边界，向东
北延伸的山脊成俄罗斯与蒙古
国边界，向南延伸的山脊则成中

奎屯峰

国与蒙古国边界。位于中国与俄罗斯边界、中国与蒙古国边界的山脊，形成一个口朝西南的巨大直角。奎屯峰向 3 个方向延伸的山脊皆为山势险峻的分水岭，并成为阿尔泰山脉唯一具有一山分三水特征的山峰。奎屯峰北坡属鄂毕河流域，位于俄罗斯境内；其西南坡属额尔齐斯河流域，位于中国境内；其东南坡属科布多河流域，位于蒙古国境内。

阿尔金山脉

阿尔金山脉是中国青藏高原东北隅的山体屏障，柴达木盆地与塔里木盆地的界山。处于北纬 37°30′～39°46′，东经 85°52′～94°21′，呈北东东方向延伸，西起新疆且末县车尔臣河东岸，东行绵延至青海和甘肃两省交界的当金山口与祁连山相接，全长 720 千米，最宽处超过 100 千米，平均海拔 4000 米，最高峰为尤苏巴勒塔格峰，海拔 6228 米，总面积 6.2 万平方千米。阿尔金山自中生代以来经历了 6 次隆升事件，形成巨大的隆起带，其隆升历史与整个青藏高原的隆升大体一致，山体古老变质岩系发育，地势西高东低，平均海拔 3500～4000 米，南北两翼极不对称，北坡相对高差可达 2500 米以上；南坡地势缓和，高差较小。整个山系东狭西宽，俄博梁以东延伸为安极尔山，宽度仅 20～30 千米；以西的阿尔金山分为两支：北支为金雁山，南支为阿哈提山，其间有索尔库里谷地，是古今沟通柴达木盆地与塔里木盆地的金鸿山口所在地。该山系主要以荒漠戈壁和陡峭低山为主，阿尔金山主要发育小型现代冰川，冰川总面积约 300 平方千米，冰川规模多在 10 平方千米以下，主要分布在山区海拔 4600 米以上的山峰，相对丰富的冰川资源是米兰河、若羌河、瓦石峡河、塔什萨依河、哈迪勒克河等河流的重要补给水源，北坡瓦石峡河、若羌河和阿雅里克河等水量不大。已探明的矿藏有黄金、水晶、玉石、云母、煤和石棉等10余种。

◆ **气候**

阿尔金山为中国及世界上干旱山区之一，降水稀少，极为干旱，是亚洲中部最干旱的山地。气候寒冷，干旱多风，海拔3000米的中山带年降水量在100毫米以下，山坡上干燥剥蚀强盛，形成黄土状物质堆积；海拔3500米的亚高山带年降水量稍增，但仍干旱异常；海拔4000米的高山带气候干旱寒冷，寒冻风化作用强烈；海拔5400～5600米及以上有常年积雪和现代冰川发育，冰川退缩明显。年平均气温在0℃以下，日照强度大，蒸发量强，气压偏低，地温变幅大，有时甚至达到35℃以上。

◆ **生物**

阿尔金山主要包括荒漠、草原、发育微弱的草甸、沼泽、高山垫状植被及高山岩屑坡稀疏植被等类型，土壤类型主要为高寒草原土和高寒荒漠土，此外还有隐域性的草甸土和沼泽土。山地北坡呈极端干旱荒漠山地的植被垂直带谱，从山麓、中山、亚高山以至高山带均以荒漠植被占统治地位。主要代表植物有合头草、昆仑蒿、驼绒蒿和玉柱琵琶柴等，海拔2300～3000米的河谷中疏生少

阿尔金山脉风光

量植物，如沙棘、短穗柽柳、盐穗木、花花柴、疏叶骆驼刺、胀果麻黄、喀什霸王等。在土壤垂直带中缺少山地淡栗钙土带，山地棕色荒漠土可上升至海拔 2800 米，山地棕钙土上限可达海拔 3800 米，海拔 3800 米以上分布亚高山草原土和高山荒漠土，谷地中发育有盐化高山荒漠土，沟谷底部则出现沼泽和大小盐湖，其周围分布有沼泽土与山原盐土，局部洼地可见龟裂土。戈壁植被主要包括合头藜、红砂、裸果木、膜果麻黄等。山中水源处包括胡杨、芦苇、红柳在内的植被。由于该地区山地环绕、边远偏僻、封闭性较强，因此保留了独特的地理环境，野生动植物资源丰富，珍稀动物达 63 种，其中国家 I 级保护野生动物有黑颈鹤、雪豹、野骆驼、藏野驴、野牦牛、藏羚羊等 9 种，国家 II 级保护野生动物有草原斑猫、猞猁、兔狲等 19 种。

尤苏巴勒塔格

尤苏巴勒塔格是阿尔金山脉西段南侧的分支，位于新疆维吾尔自治区若羌县境内，西起东经 88°30′ 的清水泉，东到东经 90° 的若羌县石棉矿一带，北侧由阿尔金山大断裂与阿斯腾塔格分开，南隔古尔嘎赫德河谷和尤苏甫河谷同祁漫塔格相邻。

阿尔金山脉北邻塔里木盆地，东南侧为柴达木盆地，夹峙于两盆地之间，一般海拔 3500 ～ 4000 米，高峰在 5000 米以上，山体由西向东延伸 500 余千米，形成向北突出的弧形；其西段褶皱构造线为北东向，东段为北西—南东走向，总体走向则为北东走向。主要断裂发生于山体两侧，呈北东东向，不仅控制了山体走向，也控制了中、新生代岩层分布，多为高角度逆冲断层，山体北侧断面向南倾，南侧向北倾，角度在45°以上。阿尔金山脉历经各地质时期的构造运动，最后经新近纪末和第四纪初的喜马拉雅运动，隆升成现今山地面貌。阿尔金山脉被北部和东南部荒漠及南部高原寒漠包围，所处位置远离海洋，西风环流翻越帕米尔至此，所携带的水汽已消耗殆尽，导致该地带年降水量仅100毫米以下，极为干燥。荒漠上限2600～3200米，终年积雪山峰较少，主要分布于一些近6000米高峰；4000米以下，干沟稠密，山坡残积物发育，长有稀疏的草类；在4000～5000米，山坡多为岩屑坡，植被稀少。

尤苏巴勒塔格山岭为阿尔金山脉西段南侧分支，海拔高度多在5000米以上，最高峰海拔6161米，另一高峰海拔6062米。现代冰川主要发育在两座高峰周围，北坡有现代冰川67条，南坡有现代冰川26条，总面积126.21平方千米。雪线在北坡为5150米、南坡为5300米；冰川末端最下限北坡4500米、南坡4750米。这一地区降水量虽不多，但凭借山势高、气温低和坡向等有利条件，仍发育了现代冰川。冰川规模一般不大，最长的冰斗山谷冰川北坡为6.55千米、南坡为4.25千米。

祁连山脉

祁连山脉是中国甘肃省西南部和青海省东北部的巨大山系。因在河西走廊之南，又称南山。古匈奴语，意为天山。位于东经94°～103°，北纬36°～40°，北西西—南东东走向，长900～1000千米，宽250～300千米，面积20.6万平方千米。东起乌鞘岭，西止当金山口，南邻柴达木盆地、茶卡－共和盆地和黄河谷地。

◆ **地质与地貌**

祁连山原为古生代的大地槽，后经加里东运动和华力西运动，形成褶皱带。白垩纪以来，祁连山主要处于断块升降运动中，最后形成一系列平行地垒（或山岭）和地堑（谷地、盆地）。包括大雪山、托来山、托来南山、野马南山、疏勒南山、党河南山、土尔根达坂山、柴达木山和宗务隆山。整个山系西北高、东南低，山峰海拔多在 4000～5000 米，最高峰疏勒南山的岗则吾结（团结峰），海拔 5808 米，海拔 4500 米以上的山峰终年积雪，共有冰川 3306 条。山体南北两翼极不对称，北坡相对高度 3000 米，南麓相对高度 500～1000 米。

祁连山风光

山系低山区风化侵蚀剥蚀作用盛行，中山区以流水侵蚀为主，高山为寒冻风化作用所控制。祁连山区存在三级夷平面：①第一级。东段海拔 4400～4600 米，西段海拔 4800～5000 米。②第二级。东段海拔 4000～4200 米，西段海拔 4500～4700 米。③第三级。东段海拔 3600～3800 米，西段海拔 4000～4200 米。河谷中发育多级阶地。

古冰川冰碛地貌广泛分布于北坡海拔 2700～2800 米以上地区。海拔 4500 米以上的山地终年积雪，海拔 4800～5200 米为冰川集中分布区，占冰川总面积的一半以上，是现代冰川分布区，共发育有冰川 2684 条，其中在甘肃省内 1492 条，青海省内 1192 条，总面积约 1597.81 平方千米，冰储量约 84.48 立方千米，占中国冰川总面积的 3.09%。面积最大的冰川为老虎沟 12 号冰川，面积 20.42 平方千米。受山脉走势和地势影响，同一海拔高度的冰川面积自东向西逐渐减小。祁连山冰川中、东段属亚大陆型冰川，西段属极大陆型冰川，祁连山冰川的数量和面积退缩明显，雪线上升，东段退缩较快，西段较慢。雪线以下有多年冻土分布，面积约 9.58 万平方千米。

◆ 气候与水文

祁连山地具有典型大陆性气候特征：①一般山前低山属荒漠气候，年平均气温 6℃ 左右，平均年降水量约 150 毫米。②中山下部属半干旱草原气候，年平均气温 2 ～ 5℃，年降水量 250 ～ 300 毫米。③中山上部为半湿润森林草原气候，年平均气温 0 ～ 1℃，年降水量 400 ～ 500 毫米。④亚高山和高山属寒冷湿润气候，年平均气温 -5℃ 左右，平均年降水量约 800 毫米。山地东部气候较湿润，西部较干燥。

祁连山水系呈辐射－格状分布。辐射中心位于北纬 38°20′、东经 99° 附近的五河之源，即黑河、托来河（北大河）、疏勒河、大通河和布哈河源头。由此沿冷龙岭至毛毛山一线，再沿大通山、日月山至青海南山东段一线为内外流域分界线，此线东南侧有黄河支流庄浪河、大通河、湟水，属外流水系；西北侧的石羊河、黑河、托来河、疏勒河、党河、哈尔腾河、鱼卡河、塔塔棱河等属内陆水系。上述各河多发源于高山冰川，以冰雪融水补给为主，河流流量年际变化较小。

◆ 植被与土壤

植被垂直带结构，山地东西部南北坡不尽相同。①东段北坡植被垂直带谱（自下而上）为荒漠带（只有草原化荒漠亚带）、山地草原带、山地森林草原带、高山灌丛草甸带、高山亚冰雪稀疏植被带。②东段南坡植被垂直带谱为草原带、山地森林草原带、高山灌丛草甸带、高山亚冰雪稀疏植被带。③西段北坡植被垂直带谱为荒漠带、山地草原带、高山草原带、高山亚冰雪稀疏植被带。④西段南坡植被垂直带谱为荒漠带、高山草原带（限荒漠草原亚带）、高山亚冰雪稀疏植被带。

土壤与植被相对应：①东段北坡为灰钙土带、山地栗钙土带、山地黑土（阳坡）和山地森林灰褐土（阴坡）带、高山草甸土（阳坡）和高山灌丛草甸土（阴坡）带、高山寒漠土带。②东段南坡为灰钙土带、山地栗钙土（阳坡）和山地森林灰褐土（阴坡）带、高山草甸土（阳坡）和高山灌丛草甸土（阴坡）带、高山寒漠土带。③西段北坡为棕荒漠土带、山地灰钙土带、山地栗钙土带、高山寒漠土带。④西段南坡为灰棕荒漠土带、高山棕钙土带、高山寒漠土带。

◆ **经济概况**

祁连山区农业主要限于东部的湟水和大通河中下游谷地及北坡的山麓地带，一年一熟。草场辽阔，宜于发展畜牧业，并有大片水源涵养林。有多种药用和其他经济植物，还有甘肃马鹿、蓝马鸡、血雉、林麝等。

北祁连山有菱铁－镜铁矿、赤铁－磁铁矿，祁连山东段有黄铁矿型铜矿，肃北和酒泉南山一带有黑钨矿石英脉和钨钼矿。是中国西部钨矿蕴藏丰富的地区之一。位于甘、青两省交界处有国家级的祁连山自然保护区。

岗则吾结

岗则吾结是中国祁连山脉的最高峰，也是疏勒南山的最高峰，位于青海省海西自治州天峻县哈拉湖北侧，祁连山脉西段疏勒南山东南段。介于北纬 38°30′，东经 97°43′，主峰海拔 5808 米。主峰所在的疏勒南山是疏勒河上游谷地与哈拉湖盆地两内流水系的分水岭。岗则吾结周边地区平均海拔 5000 米以上，年平均气温在 -10℃ 以下，年降水量可达到 750 ～ 850 毫米，在海拔 5000 ～ 5200 米观测到降雪纯积累量达 600 ～ 800 毫米，海拔 5200 米处纯积累量达 890 毫米，南坡降水明显多于北坡，南坡水汽主要来源于西风急流。岗则吾结由于气温低、降水多，是祁连山脉现代冰川的发育中心，冰川以山峰为中心呈星状分布，伸出山谷进入山前倾斜平原，面积 89 平方千米，冰川储量约 50 亿立方米，北坡发育有 15 条山谷冰川，南坡短而陡峭，发育有 11 条山谷冰川。

岗则吾结风光

南坡的岗纳楼 5 号冰川是流域内规模最大的冰川，也是祁连山脉长度第三、面积第七的冰川，其长 8.4 千米，面积 15.27 平方千米，冰舌流出山谷，在山麓平原上延伸 4 千米，是哈拉湖内流区岗纳楼河水源地；岗纳楼 2 号冰川末端被一道高大的退缩终碛分为两支，依然残留着宽尾冰川的面貌。发源于 5 号冰川的岗纳楼河长度仅 6 千米，消融最盛时流量可达 15 ～ 20 米³/ 秒。岗则吾结山前山麓平原发育有 2 期冰碛地貌，显示至少有 2 期冰川发育。山峰南侧是祁连山第二大内陆咸水湖哈拉湖，湖水以冰川融水补给为主，入湖主要河流有 16 条，其中最大河流为奥古土尔乌兰郭勒河。

乌鞘岭

乌鞘岭是中国东部农业区与西部绿洲灌溉农业区及牧区的天然分界，庄浪河与古浪河上游的分水岭。位于甘肃省天祝藏族自治县中北部。为祁连山东段雷公山（海拔4326米）和毛毛山（海拔4070米）间较低部分，东西长约17千米，南北宽约10千米，海拔3562米。山口海拔3000米以上，附近尚保存安远驿古驿道和汉长城、明长城遗址，兰新铁路和甘新公路（312国道）均经此山口。

乌鞘岭夜景

因山口位于中生代后期形成河西构造系的龙首山—青石岭隆起带东侧的武威—洮河沉降带，故地势较低，有一系列北北西走向的中新生代盆地与河谷，分水岭地层为上三叠硬砂岩互层与灰岩，并有中基性火山岩。年平均气温 -0.2℃，1月平均气温 -12.2℃，7月平均气温 11.3℃，平均年降水量411.3毫米。山地植被属高山草甸，局部阴坡有稀疏针叶林和灌丛。河谷缓坡多垦为旱耕地。

六盘山

六盘山是中国西北部南北走向山地，又称陇山，位于中国宁夏回族自治区南部，宁、甘、陕交界地带关中平原的天然屏障，北方重要的分水岭。下白垩统六盘山群命名地。主体包括两列接近北—北西走向的平行狭长山脉，逶迤200余千米，宽30～60千米。西坡缓，东坡陡。西列称大关山，海拔 2500 米以上，主峰米缸山海拔 2942 米；东列称小关山，海拔 2400 米以上，最高峰海拔 2466 米。大、小关山之间是宽约 5 千米的新生代断陷谷地，堆积第三系红层。山体形成于燕山运动和喜马拉雅运动末期，由下白垩统六盘山群砾岩、砂岩、泥岩、泥灰岩等构成。黄河水系的泾河、清水河、葫芦河等发源于山体两侧。年平均气温 5～6℃，海拔 2840 米处的年平均气温仅 1℃，年日照时数 2389 小时，有"春来秋去无盛夏"之说。平均年降水量达 650 多毫米，是黄土高原中的"湿岛"。在宁夏境内的六盘山有高等植物 788 种，林地 310 平方千米，其中乔木林 260 平方千米，森林覆盖率 46%，木材蓄积量 122 万立方米，主要分布于海拔 1900～2600 米的阴坡，以次生的落叶阔叶林为主，间有少量针、阔混交林。主要树种有山杨、桦、辽东栎、混生椴、槭、山柳、华山松等，林下多箭竹、川榛及多种灌木，发育山地灰褐土。

六盘山植被

在林带以下和 2200 米以下阳坡为草甸草原和干草原；2200 米以上阳坡和 2600 米以上阴坡发育山地草甸土，为杂类草草甸，是良好牧场，适宜放牧大牲畜。野生生物资源丰富，仅药用植物就有 600 余种，脊椎动物约 200 种，其中有金钱豹、林麝等 38 种兽类，有金雕、红腹锦鸡等 147 种鸟类。山谷、坡地有黄土之处多已垦为农田。划为国家级自然保护区的水源涵养林约 270 平方千米。名胜有战国秦长城、老龙潭、秋千架、凉殿峡、野荷谷等。

崆峒山

崆峒山是中国道教圣地，古籍中称空桐，俗称崆峒，又因山体特征，有鸡头、笄头等别名。中国史志记载最早的名山之一，号称西来第一名山。位于甘肃省平凉市西 15 千米，泾河上游主流与其北岸支流后峡河之间。长 100 千米，平均宽 15 千米，海拔 1870 ～ 2100 米。最高峰翠屏山，海拔 2123.3 米。地质构造上属小关山逆断层，垂直断距约 700 米，上三叠统延长群的褐紫色与绿色砾岩及白垩纪底砾岩等垂直节理发育，经侵蚀形成许多岩崖峡谷及奇峰绝壁等特殊地貌。山顶有两级夷平面：海拔 2100 米的香山顶；海拔 1900 米左右的一级经切割为东、西、南、北、中五台。中台突起，诸台环列，各有奇势胜景。合天台、插香台、灵龟台与五台，号称八台，与四岭（凤凰岭、狮子岭、苍松岭与棋盘岭）、二峰（蜡烛峰与雷声峰）同为崆峒山地貌的自然奇观。诸

崆峒山景区

平台与山麓带先后修建了佛、道二教基地的九院、十二宫，共有寺观 42 处，大多集中分布在五台区，形成规模宏大的建筑群。法轮寺的宋石经幢，十方院的元蟠龙石柱，东台宝庆寺的元代石壁及明建凌空塔，均为省级文物保护单位。

崆峒山多特殊文化胜迹，山上有广成子洞，山麓有问道宫和广成泉，又有望驾山及撒宝岩，传为望秦始皇驾临及始皇巡幸撒宝处。东台悬崖的岩洞有玄鹤洞和青龙洞（又称归云洞），也是崆峒山名胜。

秦 岭

秦岭是横贯中国中部的东西走向山脉，南北自然分界线，又称秦山。秦岭有广义和狭义之分，广义秦岭西起甘肃、青海两省边界，东到河南中部，包括西倾山、岷山、迭山、终南山、华山、崤山、嵩山和伏牛山等；狭义秦岭仅限于陕西省南部、渭河与汉江之间的山地，东以灞河与丹江河谷为界，西止于嘉陵江，海拔在 2000 ～ 3000 米，主峰太白山，3771 米。位于北纬 32°30′ ～ 35°00′，东经 103°00′ ～ 113°00′。西以甘肃省临潭、迭部、舟曲等县境内的岷迭山系与昆仑山脉为界；东至河南伏牛山麓；北界西段自临潭北部的白石山起，东延至天水东南的火焰山，再往东以秦岭北麓的大断裂带为界，北界东段入河南境则以黄河南岸山地为界；西南以甘、川省界为界；南临汉江与米仓、大巴山分界；东南直抵湖北十堰市郧阳区。东西长 1600 多千米，南北宽数十千米至二三百千米不等，面积约 12 万平方千米。山势西高东低。山脉北侧为黄土高原和华北平原，南侧为低山丘陵红层盆地和江汉平原。主峰太白山，海拔 3771 米。由于秦岭南北的气温、降水、地形均呈现差异性变化，因而秦岭—淮河一线成为中国重要的自然地理分界线，是暖温带与亚热带的一条分界线。

◆ 地质地貌

习惯上以嘉陵江为界分为东秦岭、西秦岭。西秦岭又以徽县、成县盆地为界分为北秦岭和南秦岭。北秦岭西起白石山，东延至天水东南麦积山。南秦岭西起岷迭山系，经岷峨山，向东接东秦岭。西秦岭北有渭河，西有洮河，南有白龙江，东有西汉水，为四水分水岭。北秦岭山势较低缓，南秦岭山势高峻，多高山深谷、悬崖峭壁和急流瀑布。东秦岭是秦岭的主体。山体呈现为蜂腰形。腰部有岩浆侵入，形成太白、华阳岩基组成的秦岭主体。蜂腰西面分出大散岭、凤岭、紫柏山 3 脉。岭间分布有山间盆地，如太白、凤县、两当等。蜂腰东面分出华山、蟒岭山、流岭和新开岭等脉。山间盆地有洛南、商州、商南等。位于华阴市南的华山，海拔 1997 米，为"五岳"中的西岳。秦岭进入河南省境呈扇形，北支崤山，余脉沿黄河南侧延伸，通称邙山。位于登封市北的嵩山为"五岳"的中岳，中间两支为熊耳山和外方山，南支伏牛山环绕于南阳盆地的西侧和北缘。山间盆地有卢氏、伊川、淅川等。山脉与谷地相间，地势则自西向东、北、南缓降。

秦岭构造带是处于中朝古陆和扬子古陆两地块之间的褶皱带。西联昆仑褶皱系，东接淮阳隆起，形成亚洲宏大的巨型纬向构造带。此构造带的北带约隆起于吕梁运动时期，中带和南带先后经加里东、华力西和印支运动，受到多次南北方向的挤压，发生褶皱隆起，并伴有大规模的花岗岩侵入和断裂作用，形成一系列山岭和山间盆地，奠定了秦岭地貌的基础。新构造运动的断裂活动进一步完成了断块山岭的面貌。秦岭主体受新构造运动的影响，北仰南倾，主分水脊偏居北侧，多高峰，如太白山、鳌山。山脊北坡多断崖，呈高山深谷地形。南坡坡长而缓，形成波状山地。南北的水系格局明显不同，北坡呈羽状，南坡呈树枝状。北坡大河多溯源侵蚀袭夺了南坡河流的河源段，成为钓钩形流路或肘状流路。

◆ **气候特征**

秦岭是中国气候上的南北分界线。特别表现在对冬夏季风的屏障作用。冬季,关中的宝鸡气温比陕南的汉中低 3 ~ 6℃,西安比安康低 4 ~ 7℃。冷空气过境时,南北之间温差 6 ~ 7℃。秦岭对水汽也起阻滞作用,南坡平均年降水量在 800 毫米以上,北坡多在 800 毫米以下。秦岭以北的河流水量较小,流量变化大,汛期短,含沙量大,冬季结冰。以南河流则反之。习惯上以秦岭北坡和淮河一线划分,以北属暖温带湿润、半湿润气候,以南属北亚热带湿润气候。

◆ **植被土壤**

秦岭南北自然景观各异。北坡为暖温带针阔混交林与落叶阔叶林、山地棕壤与山地褐土地带;南坡为北亚热带北部含常绿阔叶树种的落叶阔叶混交林、黄棕壤与黄褐土地带;河谷盆地中栽植有亚热带经济林木,如柑橘、枇杷、油桐、油茶、棕榈、茶叶、乌桕、杉木、马尾松和柏木等。暖温带或高山特征的常绿阔叶木本植物在南坡多出现在海拔 1000 ~ 1500 米地带。1500 米以上多为针叶阔叶混交林。黄棕壤仅见于 1500 米以下的缓坡面,发育在冲积层上。此外,秦岭以北以旱作农业为主,以南则多水田。秦岭山地面积广大,生物资源丰富,是发展林业和多种经营条件好、潜力大的地区。

岷　山

岷山是长江支流岷江、涪江、嘉陵江上源白龙江和黄河支流白河、黑河的分水岭。中国大熊猫主要分布区。著名自然风景区。位于川、甘边界，是从甘肃省南部延伸至四川省西北部的一褶皱山脉，大致呈南—北走向，南北逶迤 500 多千米，故有"千里岷山"之说。甘肃境内为岷山北段，由花尔盖山、光盖山、迭山、古麻山等组成。四川境内为岷山中南段，有红岗山、羊拱山、鹧鸪山、雪宝顶等，是岷山的主体部分。岷山为强烈隆升的褶皱山地，山势北段为北西向，南段转为北东向，山脊海拔 4000～4500 米。主峰雪宝顶位于四川省松潘县城东 20 多千米，海拔 5588 米，5000 米以上有现代冰川分布，古冰川遗迹很多。山体由砂岩、板岩、石灰岩和花岗岩等组成，地形崎岖。富煤、铁、铜、金、铅、锌、铀、水晶等矿产。

岷山多海子（湖泊），较大者为花海子、红星海子、干海子、长海子等，以南坪九寨沟最集中。岷山峰峦重叠，河谷深切。3800 米以上为高山灌丛草甸。山地长有川西云杉、岷江冷杉、油松、栎类等。山地多森林，其中南坪是四川主要林区之一。林内有大熊猫、金丝猴、扭角羚、梅花鹿、白唇鹿等珍稀保护动物，是中国大熊猫分布密度最大、数量最多的山系。已建立了唐家河、王朗、九寨沟、白河、白水江和铁布 6 个自然保护区。岷山山清水秀，黄龙寺、九寨沟自然风景区均为中国重点游览名胜区。

伏牛山

伏牛山是中国河南省西部重要山脉，为秦岭东段的支脉。因状如卧牛，故名伏牛山。西北连熊耳山，南临南阳盆地，东南止于方城缺口，东隔方城缺口与南阳盆地东侧低山丘陵相对。呈西北—东南走向，长约

250 千米，南北宽 40 ～ 70 千米。是黄河、淮河与长江水系的分水岭。2006 年，被联合国教科文组织评为世界地质公园。山体岩层主要为燕山期等多期花岗岩，以及元古界片麻岩、片岩、大理岩等，局部有石灰岩出露，发育有溶洞等喀斯特地貌。山体西北段宽阔完整，山势高峻雄伟，向东南延伸过程中山势逐渐降低。海拔 1000 ～ 2000 米，西段部分山峰海拔超过 2000 米。主要山峰包括老君山、玉皇顶、龙池墁、鸡角尖、石人山等。鸡角尖为最高峰，海拔 2222.5 米。受断层及侵蚀作用影响，南北山坡不对称。北坡陡峻，多系花岗岩被风化侵蚀而成的直立陡坡，也有断层造成的悬崖，坡度一般大于 45°，个别大于 80°；南坡比较平缓，坡度为 25° ～ 40°。土壤主要为山地棕壤、黄棕壤、褐土等。

为中国北亚热带与暖温带的分界线，属北亚热带与暖温带过渡性季风气候，温暖湿润。生境多样，野生动植物资源丰富。①植物。有维管束植物 2879 种。森林植被保存完好，覆盖率达 88%，为暖温带落叶阔叶林向北亚热带常绿和落叶混交林的过渡区，山地自然带垂直分异明显。主脊南坡植被自下而上有落叶阔叶林、针叶与落叶阔叶混交林、针叶林、灌丛草甸；北坡自下而上植被的垂直分布为落叶阔叶林、针叶与落叶阔叶林、针叶林、灌丛草甸。有国家重点保护野生植物 30 余种，其中被列入《中国珍稀濒危保护植物名录》的Ⅰ级保护植物有银杏，Ⅱ级保护植物有连香树、香果树、水青树、水曲柳、秦岭冷杉等；还生长有伏牛杨、河南石斛、河南鹅耳枥、河南铁线莲、河南翠雀、河南蹄盖蕨等数十种河南省特有植物。林果、中药材等资源丰富，出产山茱萸、辛夷等中药材；还出产桐油、生漆等。②动物。有兽类 62 种，鸟类 213 种，昆虫类超过 3000 种。有国家重点保护野生动物 50 余种，其中被列入《国家重点保护野生动物名录》的Ⅰ级保护动物有金钱豹等，Ⅱ级保护动物有林麝、大鲵等。矿产资源主要有铜、钼、金、铅、锌、蓝石棉、石墨、大理石、花岗岩等。

1997 年，建立以保护天然阔叶林森林生态系统和过渡带综合性森林生态系统、珍稀濒危物种、珍贵树种及其生存环境为主要保护对象的河南伏牛山国家级自然保护区。保护区总面积 560.24 平方千米，包括嵩县龙池漫、栾川县老君山、鲁山县石人山、南召县宝天曼，以及西峡县老界岭和黄石庵等 6 个保护区。

太白山

太白山是中国秦岭主峰之一。主体位于陕西省宝鸡市眉县、太白县。广义上的太白山连带西安市周至县部分。山体呈东西走向，横亘太白县境中东部。西起嘴头镇，东至周至县老君岭，南以渭水河在太白县黄柏塬镇河段为界，北以鹦鸽镇和眉县营头为界，东西直线距离约 61 千米，南北直线距离约 39 千米。现代地理定义的太白山，包括原太白山、鳌山，以及连接二者的西跑马梁等。因原太白山与鳌山在东、西部对峙，故有东、西太白山之称。鳌山古称垂山，其名来源有两种说法：一说是因山上冬季、夏季均有积雪而得名；另一说是有金星曾坠

太白积雪

落于圭峰西侧，后精化为像美玉一样的白石而得名。太白山主峰拔仙台位于宝鸡市太白县境内东部，海拔 3767 米，距县城 43.25 千米。从东太白拔仙台至西太白鳌山，两峰间直线距离约 31.81 千米，中夹 20 千米跑马梁。

太白山是中国大陆青藏高原以东的第一高峰，是长江和黄河两大水系分水岭。包含低山、中山、高山等地貌类型，界限清楚、特点各异，特别是第四纪冰川活动塑造的各种地貌形态保留完整、清晰可辨。太白山岩基由花岗岩组成，以拔仙台为中心，分布于 900 平方千米的范围内。独特的自然环境孕育了多种多样的生物种群，素有亚洲天然植物园、中国天然动物园之称；有植物 1900 多种，其中药用植物种类繁多，世界上仅存的孑遗植物——独叶草为太白山独有。丰富的植物资源为野生动物提供了充足的食物，山上动物种类繁多、起源古老，是天然的物种基因库；有动物 300 多种，其中鸟类有 230 多种，繁衍生息着国家重点保护野生动物大熊猫、金丝猴、羚牛、血雉、红腹角雉等。太白积雪是关中八景之一。另有斗母奇峰、云海奇观、高山奇湖和万年不融冰洞等自然景观。

大巴山

大巴山是中国嘉陵江与汉江的分水岭，四川盆地与汉中盆地的地理界线。狭义大巴山多指位于重庆（渝）、四川（川）、陕西（陕）、湖北（鄂）4 省市边境的大巴山。简称巴山。广义的大巴山为四川（川）、重庆（渝）、甘肃（甘）、陕西（陕）、湖北（鄂）5 省市边境山地的总称,包括米仓山西延的摩天岭,大巴山东伸的神农架山在内,东西绵延 500 多千米,故称千里巴山。

◆ **地质地貌**

大巴山介于北部的秦岭地槽和南部的四川台向斜之间,由于南北两大构造线的控制,山体呈一系列规则的背斜和向斜组成的平行褶皱带,但东、西部略偏北,中部稍偏南,故又称大巴山弧形褶皱带。地层古老,以石灰岩、白云岩、变质岩、砂岩为主,局部有花岗岩分布。以石灰岩、白云岩为主的地层多峰丛、溶洞、暗河等喀斯特地貌,著名的有广元龙洞、旺苍黄洋洞、通江中峰洞等。山脊由坚硬的结晶灰岩组成,经上升剥蚀后浑厚雄伟,海拔约 2000 米,巫溪太平山 2797 米,最高的湖北神农架 3105.4 米。

◆ **气候特征**

大巴山是四川盆地北部的天然屏障,阻滞或削弱了冬半年北方冷空气的南侵,对四川冬暖春早气候的形成影响很大。大巴山南面的四川盆地为中亚热带,而北面的汉中盆地则属于北亚热带。大巴山是中国中部中亚热带气候和北亚热带气候的分界线,大部分地区属北亚热带气候。米仓山、大巴山、神农顶等山脊年平均气温在 14℃ 以下,大巴山南麓(奉节、巫山一带)年平均气温为 16 ~ 18℃,其余地域年平均气温为 14 ~ 16℃。米仓山东部年平均降水量在 1200 毫米以下,神农架林区年平均降水量 1400 毫米左右,其余地域年平均降水量为 1000 ~ 1200 毫米。万源、巫溪一带是川陕鄂大巴山暴雨区的中心,年平均暴雨日 6 ～ 8 天。

◆ **植物资源**

大巴山多古老的特有植物，如连香树、水青树、珙桐、香果树、银杏、领春木等，为中国亚热带、温带多种古老植物发源地之一及中国蜡梅的原产地。大巴山南坡的南江县焦家河是中国水青冈原始林保存最好的地区。珍稀动物有金丝猴、云豹、苏门羚、猕猴等。湖北的神农架和陕西的南郑、镇巴三地已建立了自然保护区。南江县境内辟有森林公园，面积 226 平方千米。

◆ **矿产资源**

山区内矿产资源丰富，有煤、铁、硫黄、铜、锌、锰、铅、磷等矿藏。

◆ **交通运输**

大巴山屏隔川、陕两省，控扼汉水下游和长江中游，具有重要的军事地位。东部，今湖北竹山、房县一带，曾经是秦楚相斗，汉魏争夺之地，明、清两代是流民避难、生息之所，农民起义军的活动场地，李自成、张献忠等部及白莲教义军曾长期在此地与官军周旋角逐。土地革命战争时期，红四方面军曾在今通江、南江、巴中等地先后粉碎国民党四川军阀的"三路围攻"和"六路围攻"，创建了川陕根据地。古米仓道，是汉中通往川东北、巴中等地区的必经之路。

武当山

武当山是道教圣地，著名风景区，一名太和山，是秦岭、大巴山的东延部分。位于湖北省西北部，汉江南岸。西北起自堵河，东南止于南河，绵延百余千米。主峰天柱峰海拔1612米。武当山山体四周低下，中央呈块状突起，多由古生代千枚岩、板岩和片岩构成，局部有花岗岩。岩层节理发育，并有沿旧断层线不断上升的迹象，形成许多悬崖峭壁的断层崖地貌。气候温暖湿润，年降水量900～1200毫米，多集中夏季，为湖北省暴雨中心之一。原生植被属北亚热带常绿阔叶、落叶阔叶混合林，次生林为针阔混交林和针叶林，主要有松、杉、桦、栎等。药用植物有400多种。

以主峰天柱峰为中心的武当山风景名胜区有七十二峰、三十六岩、二十四涧、十一洞、三潭、九泉等胜景，还有上、下十八盘等险道及"七十二峰朝大顶"和"金殿叠影"等奇景。武当山还保存有规模宏伟的道教建筑群和众多的文物古迹。早期的有唐贞观年间建的五龙祠，宋、元建筑增多。明永乐年间大兴土木，建成33个规模宏大的宫观建筑群，建筑总面积达160多万平方米。建于天柱峰绝顶的金殿又称金顶，为四坡重檐歇山式宫殿，由铜铸鎏金构件铆接拼焊而成，总重约90吨，是中国现有最大铜建筑物。位于主峰东北的武当山镇为武当山风景区大门。襄渝铁路、老（河口）白（河）公路在此并行通过。

武当山亦为武当派拳术发源地，以"武当太乙五行拳"闻名中外。

阴山山脉

阴山山脉是中国北部东西向山脉和重要地理分界线。横亘在内蒙古自治区中部及河北省最北部。介于东经106°～116°之间。西端以低山没入阿善高原；东端止于多伦以西的滦河上游谷地，长约1000千米；

南界在河套平原北侧的大断层崖和大同、阳高、张家口一带盆地、谷地北侧的坝缘山地；北界大致在北纬42°，与内蒙古高原相连，南北宽50～100千米。

◆ **地质与地貌**

阴山山脉是东西走向，属古老断块山。西起狼山、乌拉山，中为大青山、灰腾梁山，南为凉城山、桦山，东为大马群山。长约1200千米，平均海拔1500～2000米，山顶海拔2000～2400米。集宁以东到沽源、张家口一带山势降低到海拔1000～1500米。阴山山脉在呼和浩特以西的西段地势高峻，脉络分明，海拔1800～2000米，最高峰呼和巴什格山位于狼山西部，海拔2364米。山与山之间的横断层经流水侵蚀形成宽谷，为南北交通要道。山地南北两坡不对称，北坡和缓倾向内蒙古高原，属内陆水系。南坡以1000多米的落差直降到黄河河套平原，由断层陷落形成。山地大部分由古老变质岩组成，在断陷盆地中有沉积岩分布，煤藏丰富。盆内沉积有白垩系、第三系地层，上覆第四系厚层砂质黏土。源于阴山的河流横切丘陵，支流极少，河床宽坦。

◆ **气候与水文**

山脉南北两侧的景观和农业生产差异显著。山南年均温5.6～7.9℃，10℃以上活动积温为3000～3200℃，无霜期130～160天；山北分别为0～4℃，900～2500℃，95～110天。山南风小而少，年均风速小于2米/秒，山北风大而多，年均风速4～6米/秒。东经110°以东地区，南北年降水量相差70～100毫米；东经110°以西地区，南北年降水量都很小，只差25毫米左右。在农业生产上，山南为农业区，山北为牧业区，山区为农牧林交错区。阴山山南为外流区，属黄河、海河水系，流水侵蚀为主，河流溯源侵蚀与分割作用较强烈，沟谷深切，地面破碎；山北为内流区，侵蚀作用不显著，沟谷浅缓，地貌外营力以风蚀为主，地面平坦，风沙散布。

◆ **植被与农业土地利用**

以乌拉特前旗为界，以东山地阴坡有小片森林，主要是白桦、山杨、杜松、侧柏、油松、山柳等。山间盆地和滩川地是粮食和油料的主要产区。种植春小麦、莜麦、马铃薯、胡麻、油菜籽及糜子、谷子、黍子、荞麦等，属旱作农业区，产量不稳定，水土流失严重。以西植被稀疏，大部分地区岩石裸露，干燥剥蚀景象显著，山间盆地水源缺乏，不宜农业，山地草场可发展养羊业。

狼 山

狼山是阴山山脉的最西端，西起查拉干拉郭勒，东至德勒山，长约280千米，宽30～60千米。东端较窄，在东经107°30′以东为东西走向，以西为北东走向，呈弧形环抱于后套平原之北，面积7900平方千米，海拔1500～2200米，最高峰呼和巴什格山，海拔2365.2米，也是阴山山脉的最高峰。狼山地质构造为华北地台狼山—白云鄂博台缘狼山—渣尔泰山褶断束。山脉岩石多为太古代各类变质岩和花岗岩，山顶浑圆，山坡覆盖着风化残积物。山间盆地海拔1200～1400米，在第三纪沉积层上覆盖着第四纪风沙层。狼山南坡陡而险要，高出后套平原600多米，阻挡着寒潮与风沙，保护了平原的农业生产。北坡平缓，一般坡度在 20º 左右，相对高差 200 ～ 400 米，呈波状起伏的低山丘陵逐渐过渡到阴北高原。

山地气候干燥，年降水量 100 ～ 200 毫米，年平均气温 4 ～ 6℃，风大沙多，风蚀强烈，大部分山地岩石裸露，狼山西北坡已被流沙所覆盖。植被土壤以山地荒漠草原棕钙土为主，海拔 2000 米以上为山地草原栗钙土。森林少见，仅阴坡下部有油松、旱榆，上部有桦、杨等乔木，顶部零星分布着山地草甸草原植物。狼山蕴藏有色金属主要有铜、铅、锌，并伴生有多种稀有金属。狼山北坡平缓，南高北低，通过低山丘陵过渡到内蒙古高原。

狼山沟谷较多，较大者 40 多条，横谷两侧壁立，是前山与后山的交通要道。阴山古塞高阙、鸡鹿塞即位于狼山的横谷沟谷。由于缺水，农牧业发展受到限制，仅海流图盆地水源较好，农业生产有一定发展，作物有小麦和杂粮。

大兴安岭

大兴安岭是中国东北地区重要山脉。又称内兴安岭、西兴安岭。"兴安"是满语，意为"丘陵"。位于内蒙古自治区东北部和黑龙江省北部，北起黑龙江南岸，呈北东及北北东走向，南止于赤峰市境内西拉木伦河上游谷地，为中国著名山地。山地全长 1400 千米，宽 200 ～ 450 千米，面积约 32.72 万平方千米。海拔 1000 ～ 1600 米，最高峰黄岗梁为 2090 米。山地呈不对称状，西北高东南低，西坡缓东坡陡。西坡缓缓过渡到内蒙古高原，东坡逐级陡降到东北平原，山幅北宽南窄。

大兴安岭以伊勒呼里山和洮儿河为界分三段。北段为中等切割，具有多年冻土层的苔原，山脊浑缓，平均海拔不到900米，河流呈放射状，山顶遗留有准平原面遗迹。在河谷低洼地区，由于永冻层的存在，沼泽湿地遍布。中段山体较宽，平均200～300千米，主要由大兴安岭山脉及其3条较大的支脉组成，海拔1200～1500米。大兴安岭主脊线呈南北走向，过洮儿河源头后山势逐渐降低。大兴安岭主脊线附近地面切割强烈，沟壑纵横。河谷多为冰蚀槽谷，谷底较宽，谷坡很陡，谷底沉积了冰碛物。南段又称苏克斜鲁山，长约600千米，是一个中等山地，可分为罕山与黄岗梁两支。山地走向呈东北—西南向，海拔多在1000～1300米。山顶多为平坦熔岩台地，坡缓谷宽，宽阔的山间盆地与河谷平原交错。

大兴安岭山脉在气候方面起着天然屏障作用，使来自太平洋的东南季风深入大陆受到削弱，也使来自西伯利亚、蒙古国的寒流受到阻挡。同时大兴安岭南北纬度跨度达10°34′，因此形成了岭东岭西和南北差异明显的气候。大兴安岭中部和北部处于北纬47°以北，年平均气温在-6℃～0，属寒温带湿润气候。冬季严寒而漫长，1月平均气温-31～24℃。夏季温凉而短暂，7月平均气温大部分地区为16～18℃。年降水量430～500毫米，6～8月降水量占全年降水量的65%～70%。大兴安岭南部为温带半干旱气候，年平均气温在-4～2℃，1月平均气温-20～-14℃，7月平均气温18～22℃。年降水量300～400毫米，6～8月降水量占全年降水量的70%～80%。

　　大兴安岭山地水系发达，河网密集，地表径流资源丰富，大兴安岭又是内流河与外流河的分水线。岭东岭南为外流河区，属于嫩江、辽河水系，主要河流有洮儿河、西辽河、霍林河等。岭西岭北为内流河区，属于额尔古纳河水系和内陆河水系，主要河流有海拉尔河、根河、贡格尔河等。大兴安岭山地河流主要依靠降水补给。河流径流深度北部为50～250毫米，南部为20～50毫米。河流每年有两个丰水期，一为7～9月的雨水期，另一为4～5月的融雪期，但河流含沙量均较少。

　　大兴安岭森林植被茂密，山脉的主体分布有以兴安落叶松为主的针叶林带，西坡是以白桦林为主的阔叶林带，东坡及东南坡是以蒙古栎、黑桦为主及其他阔叶树所构成的阔叶林带。大兴安岭北段有山地针叶林带，是东西伯利亚泰加林向南延伸的一部分，是中国唯一的寒温带针叶林带。中段高处与北段植被相似，自山顶向下岭东为森林草原，岭西由森林草原过渡到典型草原。南段植被既有阴阳坡差异，也有垂直分异。河谷地带多以森林草甸植被及沼泽草甸植被为主。这种东西坡自然景观的不同，是地貌差异的一种反映。

　　土壤以漂灰土分布面积最广，其次为暗棕壤灰色森林土、淋溶黑钙土、暗栗钙土，以及沼泽土、草甸土。漂灰土主要分布于北部山地和中部山脊的针叶林下，暗棕壤分布于岭东低山丘陵区。森林土分布在岭西和南部低山丘陵区，淋溶黑钙土则主要分布于阳坡草原植被下。河谷地带主要发育沼泽土和部分草甸土。区内普遍分布有季节性冻土，西北部则有多年冻土。

　　大兴安岭森林资源丰富，是我国主要原始林区之一。全区森林面积

2681 万公顷，森林覆盖率可达 65%，林木蓄积 14 亿立方米。因此，本地区应以林业为主，并成为我国永久性木材生产基地。

小兴安岭

小兴安岭是中国东北地区的山地，又称东兴安岭、布伦山，位于黑龙江省东北部，西北以嫩江为界与大兴安岭相连，东北至黑龙江沿岸，东接三江平原，东南抵松花江畔，西南与松嫩平原毗邻。呈西北—东南走向，绵延约 500 千米，海拔 500～1000 米。山势起伏和缓，西北低、东南高，东陡、西缓；最高峰位于铁力市与通河县交界处的平顶山，海拔 1429 米。山体南、北坡差异显著，其南坡山势浑圆且平缓，水系绵长；北坡陡峭，成阶梯状，水系短促。山体北部多丘陵台地，地表以砂砾岩、玄武岩为主，多河谷宽谷；山体南部多低山丘陵，出露海西期花岗岩，河谷多形成 V 形谷。

小兴安岭是黑龙江水系与松花江水系的分水岭，主要有属于黑龙江水系的沾河、乌云河等，以及属于松花江水系的呼兰河、汤旺河、梧桐河等。属于中温带向寒温带过渡型的气候类型，所处纬度较高，光热资源充足；全年平均气温 -2～2℃，年平均降雨量 500 毫米，无霜期 100 天左右。小兴安岭得天独厚的自然生态条件，繁衍生长着红松等珍贵树木，成为国家重点用材林基地；其林区面积 12.06 万平方

小兴安岭

千米，原始森林面积 5 万多平方千米，林木蓄积量约 4.5 亿立方米。其中，山区红松蓄积量 4300 多万立方米，占全国红松总蓄积量的一半以上，素有"红松故乡"之美称。此外，还生长着落叶松、樟子松和被称为三大硬阔的胡桃楸、水曲柳、黄菠萝。矿产资源丰富，蕴藏铜、铁、铅、锌、金等金属矿产资源，已开采 10 多种矿产。五大连池火山群位于小兴安岭西侧，被誉为天然的火山博物馆。

小兴安岭具有得天独厚的原生态自然环境，区域内已建成国家级森林公园 9 处，国家级地质公园 2 处，国家级自然保护区 2 处，省级森林公园 18 处，省级自然保护区 8 处，还有国家 AAAA 级、AAA 级景区 3 处，AA 级景区 11 处，AS、2S、3S 级滑雪场各 1 处，国家级狩猎场 1 处，省级狩猎场 3 处，有金山屯大丰河漂流、美溪回龙湾度假村、南岔仙翁山风景区、朗乡绿色度假旅游区等。

长白山脉

长白山脉是中国东北山地，欧亚大陆东缘的最高山系，松花江、图们江和鸭绿江的发源地。地处吉林省东南部，位邻中国与朝鲜边界。因主峰白头山顶多白色浮石和积雪故名。

长白山天池

◆ 山系构成

长白山脉一般有广义长白山和狭义长白山之分。广义长白山为中国东北地区东部山地的总称。北起完达山脉北麓由多列东北—西南走向平行褶皱断层山脉和盆地、谷地组成。西列为大黑山和大青山；中列北起张广才岭，向南有老爷岭、哈达岭、威虎岭、龙岗山脉，最终延伸至辽宁境内的千山山脉。长 1300 余千米，东西宽约 400 千米。狭义长白山指张广才岭、威虎岭、龙岗山脉以东的长白山脉，包括白头山火山锥体和它周围的熔岩高原及东北西南向山地，海拔一般在 800 米以上。长白山系的最高峰是朝鲜境内的将军峰，海拔 2749 米，中国一侧最高峰为白云峰，海拔 2691 米，为东北地区第一高峰。

◆ **地质与地貌**

山地南部属于中朝准地台，北部属吉黑华力西褶皱带。中生代燕山运动使南北构造方向统一，形成华夏向山地基础。随着新生代喜马拉雅造山运动，伴有火山的间歇性喷发，地壳发生了一系列断裂、抬升，地下深处的岩浆大量喷出地面，构成玄武岩台地，也形成了熔岩台地、方山、火山锥与孤丘等熔岩地貌，并有火口湖、堰塞湖的分布。第四纪到来之前，地壳运动进入一个新的活动时期，火山活动趋于活跃，由原来裂隙式喷发转为中心式喷发，喷出的熔岩和各种碎屑物堆积在火山口四周的熔岩高原和台地上，筑起了以长白山天池（白头山天池）为主要火山通道的庞大的火山锥。长白山天池（白头山天池）湖水面积为 9.8 平方千米，湖水平均深度为 204 米，最深处达 313 米；山地主要由花岗岩、玄武岩、片麻岩和片岩组成。

◆ **气候与水文**

长白山脉所在区域属于温带大陆性山地气候。年平均气温

3 ～ 7℃，从低海拔到高海拔表现为气温下降的趋势；平均年降水量在700 ～ 1400 毫米，从西北到东南方向表现为增加的趋势。

长白山区是松花江、鸭绿江及图们江的发源地，为东北地区的重要水塔、淡水资源储备基地；该区也是中国重要的森林、湿地分布区，是集水源涵养、水土保持和生物多样性保护等多种生态功能于一体的重要生态功能区。松花江、鸭绿江及图们江流域地表及地下水资源量丰富，广袤的森林、湿地涵养了丰富的降水，缓慢渗入地下，经过地下火山岩、玄武岩漫长的过滤和运移，源源不断地形成优质矿泉水，并通过涌泉的形式出露地表。良好的自然环境及独特的地质条件，造就了长白山地区全球天然矿泉水的黄金水源带。

◆ **植物与土壤**

长白山锥体区的植被和土壤呈明显的垂直带状分布。①海拔600 ～ 1600 米。为山地针阔混交林带，占有最大垂直宽度。该区阔叶红松林是世界上仅存的大面积原生针阔混交林。②海拔 1600 ～ 1800 米。为山地暗针叶林带，具有典型的北方山地森林的特点，构成了长白山北坡森林植被的主体。③海拔 1800 ～ 2100 米。为岳桦林带。④海拔2100 ～ 2400 米。为高山苔原带。⑤ 2400 米以上。为高山荒漠带。土壤类型在海拔 600 ～ 1600 米，主要有暗棕色森林土、白浆土和沼泽土。海拔 1600 ～ 2100 米，土壤主要是棕色针叶林土，有部分沼泽土，在森林上限附近，有山地草甸土和山地草甸森林土。海拔 2100 ～ 2400 米以上，土壤为山地苔原土。除了垂直地带特点之外，还有非地带性特点，如山前台地上白浆土的大面积分布、火山浮石母质的普遍存在及土壤中水分的含量过剩等。

◆ 行政与管理

在 1960 年，长白山设立自然保护区，总面积为 2367.5 平方千米。
1980 年，联合国教科文组织将其列入中国首个"人与生物圈"计划，
作为世界生物圈保留地。1982 年，吉林省政府重新调整了保护区范围，
确定保护区面积为 1964.65 平方千米，由此长白山保护区的保护范围基
本确立。1986 年，成为国务院批准的第一批国家级自然保护区。2006 年，
长白山保护开发区管理委员会正式成立。管委会为正厅级，负责管理长
白山保护区及周边共 6718 多平方千米的范围。

2017 年，在长白山区成立了东北虎豹国家公园，下设 10 个分局，
6 个位于吉林省，4 个位于黑龙江省。东北虎豹国家公园位于吉林、黑
龙江两省交界的长白山区老爷岭南部区域，与俄罗斯、朝鲜接壤，总面
积超过 1.46 万平方千米，包含 12 个自然保护地（7 个自然保护区、3
个国家森林公园、1 个国家湿地公园和 1 个国家级水产种质资源保护区）。

◆ 资源与经济

长白山保存着大片原始森林，所包含的植物与动物资源非常丰富。
根据《长白山自然保护区管理局局志》，长白山保护区不仅植物类型复
杂多样，而且种类十分丰富。已经发现野生植物共计 73 目 246 科 2277 种。
其中，低等植物 17 目 59 科 550 种，高等植物 56 目 187 科 1727 种，高
等植物中有 36 种珍稀濒危物种。长白山系处于古北界、东北亚界、东
北区的长白山亚区，丰沛的降水和优越的环境，再加上天然地理阻隔，
把南下北上的动物物种都留在了这里，使得长白山自然保护区内野生动

物种类繁多。在保护区内，已知有野生动物 73 目 219 科 1225 种，包括 50 种国家重点保护野生动物。其中，被列入《国家重点保护野生动物名录》属于国家 I 级保护动物的有东北虎、东北豹、中华秋沙鸭、梅花鹿、紫貂、黑鹳、金雕、白肩雕等，属于国家 II 级保护动物的有豺、麝、黑熊、棕熊、水獭、猞猁、马鹿、花尾榛鸡等。

长白山脉是中国重要的林业木材基地，有经济林木达 80 余种，被誉为世界著名的红松之乡。药用植物达 300 余种，盛产人参、党参、贝母、天麻和五味子等各种名贵药材，尤以东北"三宝"（人参、鹿茸、貂皮）更具盛名。

太行山脉

太行山脉是中国东部重要自然界线，华北地区主要山脉之一，又称大形山、五形山。北起北京西山，南达黄河北岸，主要绵延于晋冀之间，呈北北东走向，是中国陆地地形第二阶梯的东部边缘。吕梁运动期始成太行山雏形，海水在奥陶纪中期退出。晚古生代时，山体发生凹陷，海水侵入。中生代，南部上升，北部局部拗陷。燕山运动时，形成新华夏式褶皱带。喜马拉雅运动时，表现为强烈断裂，并伴随大幅度拗曲，形成复式单斜褶皱。大致邢台以北，广泛出露太古代和震旦纪地层，并有中生代侵入的酸性岩体；以南，寒武、奥陶纪地层出露广泛，岩层走向与山脉走向基本吻合。

太行山大部分海拔在 1200 米以上，北高南低。东濒华北平原，相对高差 1500 ～ 2000 米，山前洪积扇特别发育。西呈阶梯状逐渐没入山西高原，相对高差 500～1000 米。山中多雄关，如紫荆关、娘子关、虹梯关、壶关、天井关等。山西高原的河流经太行山流入华北平原。曲流深切，峡谷毗连，多瀑布湍流。河谷及山前地带多泉水，以娘子关泉最大。桃河阳泉至乱流段，河水渗漏，常形成干谷。河谷两岸有多层溶洞，较著名的有陵川黄崖洞、黎城黄崖洞、晋城黄龙洞、北京房山云水洞等。著名的河北易县狼牙山亦为中国北方地区典型的喀斯特山地。

太行山脉东侧华北平原温暖湿润，属夏绿阔叶林景观；西侧黄土高原属半湿润至半干旱过渡地区，是森林草原、干草原景观，温度、湿度都较东部低。垂直差异悬殊，如小五台山一带南坡，海拔 1000 米以下为灌丛，有槲树群落分布；海拔 1000 米以上偶有云杉或落叶松。北坡海拔 1600 米以下是夏绿林；海拔 1600～2500 米是针叶林；海拔 2500 米以上是亚高山草甸。太行山多横谷，是东西的通道。军都陉、蒲阳陉、飞狐陉、井陉、滏口陉、白陉、太行陉、帜关陉为著名的太行八陉，是商旅通衢、兵要之地。驼梁、青崖寨等国家级自然保护区，以及嶂石岩、苍岩山、太行大峡谷均位于太行山，是中华民族的祖先最早的活动地区之一，北京猿人、许家窑人就生活在山麓地带。

王屋山

王屋山是中国太行山的支脉，位于河南省西北部济源市城西 45 千米处。因山状如屋，故名。为河南省、山西省两省的界山。总面积 265 平方千米。地处山西高原上升区和华北平原下降区的边缘，中条山和太行山构造带之间，历经嵩阳运动、中条运动、王屋山运动、晋宁运动等频繁的构造运动。平均海拔 1000 米，主峰天坛山海拔 1711.3 米。山体上有典型的构造剖面出露，剖面地层层序完好，太古宇、元古宇、古生界、中生界和新生界等出露齐全。山地底部出露石英岩、片麻岩和片岩，中部为石灰岩夹页岩、砂岩，上部为厚层的灰岩与砾岩，喀斯特地貌发育。

由于受地形和季风的影响，光、热、水时空差异显著，海拔 400～1700 米的地带气候垂直分带明显。生物多样性丰富，野生动植物资源具有很高的观赏、研究价值。森林覆盖率 98%，中山区有天然林分布。种子植物达 128 科 552 属 1374 种，其中被列入《中国珍稀濒危保护植物名录》的有裸子植物红豆杉，有被子植物连香树，还有被列入《中国植物红皮书》的植物金钱槭和青檀。山脚下树龄 2000 余年、国家 I 级重点保护野生植物银杏树，被誉为"世界植物活化石"。有被列入《国家重点保护野生动物名录》的 I 级保护动物的金钱豹等，以及 II 级保护动物猕猴、麝、大鲵、红腹锦鸡、虎纹蛙等。矿产资源主要为煤和铁。

《愚公移山》寓言故事，蕴含着巨大的精神力量和深刻的哲学思想，已经成为中华民族宝贵的精神财富。王屋山是传说中愚公的故乡，至今尚有愚公村、愚公祠、愚公井等胜迹。王屋山是中国国家级重点风景名胜区、国家 AAAA 级风景区，2007 年 6 月，王屋山 - 黛眉山地质公园被列入《世界地质公园名录》。王屋山 - 黛眉山地质公园由王屋山、黛眉山和黄河谷地三大地貌单元组成，是以典型地质剖面、地质地貌景观为主，以古生物化石、水体景观和地质工程景观为辅，以生态和人文相互辉映为特色的综合性地质公园。王屋山是道教圣地，有天下第一洞天之称。名胜古迹主要有阳台宫、清虚宫、灵山王母洞等。

大别山

大别山是中国淮河水系与长江水系的分水岭，位于河南省、湖北省、安徽省 3 省交界处。西隔武胜关与桐柏山相接，东延为安徽霍山和张八岭。全长 270 余千米。西段呈西北—东南走向，东段呈东北—西南走向。地质构造属秦岭褶皱山系的东延部分，山体岩石以花岗岩、片麻岩为主，风化程度较深，地表覆盖物堆积较厚。沿山脉主脊多为海拔超过 1000 米的中山，约占总面积的 15%。大别山的最高峰为白马尖，海拔 1777 米。其余大部分为低山丘陵，有宽广的河谷及沟谷地带。海拔 500 ~ 800 米的丘陵缓坡，是主要的农耕区，分布有茶园、竹林和草场等。山体南北两侧水系发育，发源于此的多条河流分别向北、向南流入淮河和长江。向北注入淮河的河流主要有狮河、灌河、史河、潢河、竹竿河等，向南注入长江的河流主要有浉水、大悟河、漂水、潜水等。土壤以黄棕壤、水稻土、潮土为主。

属北亚热带季风气候区，温暖湿润，年均气温 12.5℃，年均降水量 1832.8 毫米。自然带垂直分布，动植物种类丰富：①植物。共有植物 1879 种，占河南省植物种数的 47.2%，其中还保存了部分第四纪冰川孑遗植物。植被类型具有过渡性特征，以针叶与落叶阔叶混交林为主，间有常绿阔叶树种，

大别山最高峰白马尖

以马尾松林、马尾松－栎类混交林和栎类林分布较广，森林覆盖率为62%。区系成分复杂，以华东、华中植物区系为主，兼有华北、西南区系成分。被列入《中国珍稀濒危保护植物名录》属国家Ⅰ级重点保护植物的有银杏、石斛，属国家Ⅱ级重点保护植物的有水青树、天麻、香果树、独花兰等。②动物。生长着繁茂植被的自然环境为鸟类等生物提供了良好的栖息环境，大别山被誉为"鸟类乐园"，有鸟类304种、兽类37种、两栖爬行类44种、昆虫700余种。其中，被列入《国家重点保护野生动物名录》属国家Ⅰ级保护动物有白鹳、金雕、大鸨、金钱豹，属国家Ⅱ级保护动物的有白冠长尾雉、八色鸫、白琵鹭、水獭、大灵猫、虎纹蛙、拉步甲等。

大别山区林业资源丰富，有多种用材林、经济林，以及优质药用植物。还有数十种矿产资源可供开采。风景名胜众多，主要有白马尖风景区、天堂寨森林公园、横岗山森林公园、麻城浮桥河国家湿地公园、五脑山国家森林公园、薄刀峰国家森林公园等。2001年，在北距信阳市32千米、大别山东段北麓的罗山县董寨建立了河南董寨国家级自然保护区。保护区面积468平方千米，主要保护对象为森林珍稀鸟类及其栖息地，区内建有全国最大的白冠长尾雉人工驯养繁殖基地，2004年，又被确定为全国首个朱鹮迁地保护研究基地。

鸡公山

鸡公山是中国大别山最西部山峰，曾称鸡翘山，位于河南省南部，京广铁路线东侧。西隔武胜关与桐柏山相对，北距信阳市45千米。因状如鸡公头得名鸡公山。与庐山、莫干山、北戴河并称为中国四大避暑胜地。

大体呈东西走向,受南北向河流切割,形成多个宽广谷地和南北向山岭。南部主峰鸡公头(又名报晓峰)海拔768米,北部主峰篱笆寨海拔811米,东部主峰光石山海拔830米。山体岩层以花岗岩和花岗片麻岩为主,质地坚硬,不易风化,但经外力长期侵蚀和剥蚀,多呈浑圆状。地处暖温带向北亚热带过渡地带,年平均气温15.2℃,年平均降水量1118.7毫米。因雨量较多,山上常为云雾笼罩,有"云海公园"之称。是长江和淮河水系的分水岭,南坡河流环水、大悟河等向南注入汉江,北坡河流东双河、九渡河、浉河等向北注入淮河。土壤以黄棕壤、棕褐土等为主。

鸡公山是河南省生物资源最丰富的地区之一,有生物物种3000多种:①植物。地表植被区系成分复杂,为北亚热带常绿阔叶林与落叶阔叶林向暖温带落叶阔叶林过渡类型,以亚热带植物成分为主,间有温带植物成分,为泛北极植物区、中国-日本森林植物亚区的华中植物区系范围。森林覆盖率达90%以上。常绿针叶树种主要有马尾松、黄山松、杉木等,落叶针叶树种主要有池杉、水杉和落羽杉等,常绿阔叶树种主要有青冈栎,落叶阔叶树种主要有麻栎、栓皮栎、白栎等。有植物2260种,被列入《中国珍稀濒危保护植物名录》的保护植物有33种;被列入《国家重点保护野生植物名录》属于国家Ⅰ级重点保护野生植物的有红豆杉、南方红豆杉、银杏、水杉、珙桐等,属于国家Ⅱ级保护植物的有香果树、楠木、红豆树、厚朴等。②动物。

有爬行动物 28 种，鸟类 170 种，兽类 45 种。被列入《国家重点保护野生动物名录》的野生动物 29 种，其中属于国家Ⅰ级保护动物的有金钱豹等，属于国家Ⅱ级保护动物有小灵猫、大鲵、白冠长尾雉等。1988 年，被批准建立以亚热带向暖温带过渡类型森林植被及珍稀野生生物为主要保护对象的河南鸡公山国家级自然保护区，保护区总面积30 平方千米。

罗霄山脉

罗霄山脉是中国湖南省、江西省边界山脉。湘江、赣江及北江部分水系的分水岭和发源地。

◆ 地质地貌

罗霄山脉长 300 千米，主要山峰海拔多在 1000 米以上。由于受"多"字形构造控制，表现为岭谷相间，镶嵌斜列。武功山主要由上古生界及中生界地层和印支—燕山期岩浆岩所组成，呈北东向隆起于醴陵—攸县和茶陵—永新及萍乡、莲花等盆地之间，长约 150 千米，宽达30 ～ 45 千米，主峰金顶在江西省境内，海拔 1918 米。万洋山和诸广山主要由燕山期岩体及古生代地层组成南北向隆起带，岩体长 200 千米，宽 50 ～ 60 千米，为隆起带的主要组成部分。地貌上表现为层峦叠嶂，山岭高大。万洋山区的最高峰南风面海拔 2120 米，八面山主峰石牛仙2042 米，诸广山的主峰齐云峰 2061 米。

◆ 植物动物

山区气候温暖湿润，生长松、杉、楠、樟、毛竹等，有大量热带区系植物分布，如炎陵县低山沟谷有红勾栲、薹树、光叶白兰，汝城有桃金娘、百日青、凤凰楠、广东厚皮香、白桂木、罗浮栲等。万洋山中的桃源洞尚保存较大面积的天然常绿针阔叶林区。八面山有杜仲、福建柏、银杏、银杉、红皮紫茎、银鹊树、南方铁杉、红豆杉等珍稀树种。林区栖息短尾猴、水鹿、林麝、华南虎、金钱豹等野生珍贵动物。

◆ **矿产资源**

由于山区经多期构造运动和岩浆活动，形成了丰富的矿产资源。著名的有汝城白云仙、茶陵邓阜仙、桂东川口等地的钨矿，茶陵潞水的磁铁矿，茶（陵）醴（陵）煤田与资（兴）汝（城）煤田。罗霄山地水能蕴藏丰富，其间垭口有沟通邻省之便。

◆ **旅游资源**

罗霄山脉中段，包括江西的井冈山、宁冈、永新、遂川、莲花和湖南的茶陵、炎陵县等县的相邻山区，是土地革命时期红色政权的根据地，迄今仍保存有许多革命遗址和文物。

井冈山

井冈山位于江西省西部与湖南省交界处，地跨江西境内的井冈山市和永新县、遂川县，以及湖南省的炎陵县。属于罗霄山脉的中段，万洋山北端山体呈北北东—南南西向。主要山峰海拔一般均在 1000 米以上，主峰五指峰海拔 1597.6 米。黄洋界、桐木岭、朱砂冲、八面山和双马石为井冈山五大哨口，分布在井冈山中心茨坪的四周，扼守着进出井冈山的 5 条主要交通要道，具有"一夫当关，万人莫敌"之险，军事地位重要。地处中亚热带湿润性季风气候区，四季分明，气候温暖，雨量充沛。森林茂密，植被覆盖率达 86%。井冈山拥有全球同纬度迄今保存最完整的次生原始森林 70 平方千米，还有一片被联合国环境保护组织誉为世界仅有的次生原始常绿阔叶林。井冈山千峰竞秀，万壑争流，苍茫林海，飞瀑流泉，融雄、险、秀、幽、奇为一体，峰峦、山石、瀑布、溶洞、温泉、珍稀动植物、山地田园风光应有尽有。

江西省井冈山市"胜利的号角"雕塑

1927 年 10 月，毛泽东、朱德等率领中国工农红军来到井冈山，创建了中国第一个农村革命根据地，井冈山因此被誉为中国革命的摇篮。现保存完好的革命旧址遗迹有 100 多处，其中 24 处被列为全国重点文物保护单位。茨坪、大井、小井、黄坳等地都是革命纪念地，建有井冈山革命博物馆、井冈山会师纪念碑、革命烈士纪念塔、烈士陵园等。井冈山已经与众多的革命遗址形成一个整体，成为爱国主义以及革命传统教育的重要基地。1982 年，井冈山被列为第一批国家级重点风景名胜区；2007 年被评为全国首批 AAAAA 级风景名胜区。

武功山

武功山是中国江西省中西部山地。地处罗霄山脉北段，山体呈北东—南西走向，地跨江西省的萍乡市、宜春市、安福县、莲花县，湖南省的攸县、茶陵县、安仁县等地，主脉绵延 120 余千米。总面积约 970 平方千米。山体主要由片麻岩、花岗岩和石灰岩等组成，地势峻峭挺拔，海拔一般都在千米以上，不少山峰高达 1500 米以上。其中，主峰为金顶（原名白鹤峰），海拔 1918 米，位于萍乡市与安福县的边界上，其北麓为袁水的发源地；次峰为太平山，海拔 1736 米，位于宜春市境内。属中亚热带湿润性季风气候，气候温和，

第九届环鄱阳湖国际自行车大赛萍乡武功山站赛况

四季分明，雨量充沛；年平均气温 14 ~ 16℃，夏季最高温度为 23℃。山谷之间发育了赣江流域的袁水、禾水，湘江流域的渌水（萍水）等水量丰富的河流，其间的袁水、萍水河谷等也是湘赣重要的天然通道。重要的东西铁路干线——浙赣线在河谷中经过。山体海拔高差达 1600 米，红壤、黄壤、黄棕壤、山地草甸沿海拔高度变化出现明显的垂直分异。动植物种类繁多，有动物 200 多种，植物 2000 多种。

武功山拥有山景雄秀、瀑布独特、草甸奇观、生态优良、天象称奇、人文荟萃的山色风光。60 余平方千米的山地草甸绵绵于海拔 1600 多米的山岭之巅，与巍峨山势相映成辉，堪称天下无双；峰顶之上神秘的古祭坛群距今已有 1700 多年的历史，被誉为华夏一绝。其他景观有气势恢宏的山地瀑布群、云海日出、穿云石笋，奇特的怪石古松、峰林地貌和保存完好的原始森林、巨型活体灵芝等。

武夷山脉

武夷山脉是中国福建省西部山脉，位于闽赣两省之间，主要分布在武夷山市、光泽县、邵武市、泰宁县、建宁县、宁化县、长汀县、武平县等。呈北北东走向，邵武—河源北北东向大断裂位于武夷山脉。山脉长约540千米，北与仙霞岭山脉相接，南与九连山相连。地势北高、南低，北段海拔1000米以上，最高峰黄岗山海拔2160.8米；南段海拔多在1000米以下。宽度北宽南窄，武夷山市和资溪县一带宽达70～80千米，瑞金市、长汀县一带宽仅15千米。武夷山脉岩石主要有各类变质岩、花岗岩和火山岩，以及两侧红色砂岩、砾岩。红色岩层区丹霞地貌发育，碧水丹山，奇峰异洞，成为秀丽的风景，其中以武夷山风景区最负盛名，有秀甲东南之誉。

武夷山脉是中国东南重要的自然地理界线，东南沿海丘陵与江南丘陵的分界线，福建闽江水系、汀江水系与江西鄱阳湖水系的天然分水岭。山脉一定程度阻挡北方冷空气的东侵，也削弱东南季风的西侵。山脉东西两侧的气候有较大的不同，导致自然景观的差异。许多与山脉走向直交或斜交的垭口，古称关、隘、口，是重要的跨界交通通道和军事要冲，如浦城县与江山市之间的枫岭关、武夷山市与铅山县之间的分水关、光泽县与资溪县之间的铁牛关、建宁县与广昌县之间的甘家隘、长汀县与瑞金市之间的古城口和武平县与寻乌县之间的树岩隘等。

武夷山脉九曲溪

武夷山区植物丰富。地带性植被为常绿阔叶林，以壳斗科、樟科、木兰科和杜英科为主，还有大面积人工营造的杉木林、马尾松林和毛竹林，并有不少珍稀、古老树种，如银杏、钟萼木、鹅掌楸、天女花、黄山木兰、银种树、半枫荷、黄山花楸、竹节人参、涧边草、南方铁杉、罗汉松、红豆杉、建柏、三尖杉、金钱松、凹叶厚朴和黄杨等。植被的垂直变化也较明显：①黄岗山海拔 1100 米以下为常绿阔叶林，主要树种有甜槠、丝栲栗、南岭栲、钩栲、木荷、红楠、细柄蕈树、苦槠和木槠等以及马尾松林、杉木林、毛竹林及杉木、马尾松、毛竹混交林。② 1100～1800 米为针叶林，有黄山松林、柳杉林和南方铁杉林。③ 1800～1900 米为中山矮曲林，有江南山柳、小叶黄杨、黄山松等。④ 1900 米直至山顶为中山草甸，有禾本科的野青茅、沼原草、芒、野古草等草本植物及幼龄黄山松、江南山柳、薄毛豆梨、波缘红果树、华山矾、箭竹属等小灌木。野生动物资源亦丰富，国家重点保护野生动物有华南虎、猕猴、灵猫、苏门羚、云豹、毛冠鹿、穿山甲、鸳鸯、黄腹角雉、白颈长尾雉等。昆虫尤为丰富，占全国 32 目昆虫中的 31 目，并发现金斑喙凤蝶。武夷山脉北段建有国家级自然保护区。

武陵山

武陵山是位于湖南西北部及黔、鄂、湘三省边界的褶皱山脉，是中国沅江和澧水干流的分水岭。位于湖南西北部及黔、鄂、湘三省边界的褶皱山。主脉自贵州中部呈北东—南西走向，连接佛顶山（1835 米）、梵净山（2494 米），逶迤于乌江与沅江之间。武陵山面积约 10 万平方千米，长度 420 千米，海拔在 1000 米左右，峰顶保持着一定平坦面，山体形态呈现出顶平、坡陡、谷深的特点，最高峰凤凰山海拔 2572 米，位于贵州省铜仁市江口县。

◆ **地质地貌**

武陵山东北延入湖南境后分为 2 支：西北侧为八面山褶皱带，早古生代、晚古生代及中生代早期的沉积发育普遍，灰岩、泥岩及石英砂岩分布甚广，中三叠世后形成一系列较平缓开阔的复式背向斜，成为北东向交叠起伏岭谷地貌的构造骨架，有白云山（1321 米）、太灵山（1577 米）、八大公山（1890 米）、朱家垭（1161 米）、大山界（1350 米）、东山峰（1491 米）等多条平行斜列的岭脊；东南侧系一长期隆起的复式背斜，核部为板溪群浅变质岩，翼部由震旦系硅质岩、冰碛砾岩和寒武系灰岩组成，中生代后产生断裂而相对抬升，构成长约 270 千米，平均海拔 1000 米左右的武陵山主干山脊，山峰绵延起伏，直至常德西部的太和山才逐渐低落。武陵山地为中国新华夏系第三隆起带的一部分，属于向北西突出的弧形构造，有一系列的褶皱和断裂。由于受近代鄂西—贵州高原大面积急剧上升的影响，具有自西北向东南掀斜上升的性质，山岭丛聚、沟壑纵横，喀斯特地貌发育，并呈现 1200 米、1000 米、800 米、600 米、450 米、350 米等多级剥夷面。宏观地形高差不显著，其间残留若干较平缓的山顶面，东南侧切割甚深、边坡陡峭，属湘鄂黔山原台地的组成部分。

◆ **气候特征**

山区气候属亚热带向暖温带过渡类型，夏凉冬冷，雨量适中。以龙山八面山（1346 米）和石门东山峰（1491 米）两站为例，年平均气温分别为 10.3℃ 和 9.2℃，1 月平均气温为 -0.8℃ 和 -1.9℃，7 月平均气温为 21.1℃ 和 19.6℃。平均年降水量 1700 毫米左右，相对湿度 82%，积雪日数分别为 49 天和 63 天。

◆ 自然资源

主要发育石灰土和黄壤及山地黄棕壤。植被为华中区系，属栎栲、光叶水青冈、猴樟、楠木、柏木、黄杉、油桐植被区。代表种类有水杉（野生）、黄杉、铁坚杉、巴山榧树、大果榉、杜仲、鞘柄木、猫儿屎、珙桐、水青树、红杉、连香树、鹅掌楸、伞花木、滇楸、毛红椿等，其中多古老孑遗种属。经济林木有油桐、乌桕、核桃、漆树、杜仲、厚朴、雪花皮、五倍子等。山林栖息熊、猴、云豹、苏门羚、灵猫、林麝、獐、麂及红腹角雉、黄腹角雉、画眉、锦鸡等多种动物。

◆ 名胜古迹

著名武陵源风景名胜区位于张家界市的永定、武陵源、慈利和桑植 4 县区的山区中，由张家界国家森林公园、索溪峪自然风景区和天子山自然风景区组成。武陵源地处石英砂岩与石灰岩结合部。景区北部大片石灰岩喀斯特地貌，经亿万年河流变迁降位侵蚀溶解，形成了无数的溶洞、落水洞、天窗、群泉。武陵源森林覆盖率达 67%，有国家 I 级保护植物珙桐、伯乐树、南方红豆杉等，国家 II 级保护植物白豆杉、厚朴等。

南　岭

南岭是中国南部最大的山脉，重要自然地理界线，位于北纬 24°00′～26°30′，东经 110°～116°。横亘在湘桂、湘粤、赣粤之间，向东延伸至闽南。东西长约 600 千米，南北宽约 200 千米。因南岭由越城岭、都庞岭、萌渚岭、骑田岭和大庾岭 5 条主要山岭所组成，故又称五岭。南岭分隔长江与珠江两大水系，是中亚热带与南亚热带的分界线。

◆ 地质地貌

中国著名的纬向构造带之一，基底由加里东运动形成。燕山运动成为穹隆构造和背斜构造，形成南岭。核心为花岗岩体，上覆岩层多为泥盆纪硬砂岩和石炭纪灰岩，其中硬砂岩多形成尖削的峰岭，如帽子峰、象牙仙等；但硬砂岩被侵蚀后，花岗岩体完全出露，常形成浑圆的山峦，如骑田岭、香花岭等。山体走向或呈东北—西南，如萌渚岭、都庞岭、越城岭；或呈东—西走向，如大庾岭；骑田岭则为块状山，山纹已不清晰，但就宏观而言，南岭仍为东西走向的山地。

地势起伏，地形破碎。最高峰是越城岭的猫儿山，海拔 2142 米。萌渚岭最高峰山马塘顶海拔 1787 米。都庞岭最高峰韭菜岭海拔 2009 米，骑田岭最高峰海拔 1570 米，大庾岭最高峰范水山海拔 1560 米。岭间夹有低谷盆地，西段的盆地多由石灰岩组成，形成喀斯特地貌；东段的盆地多由红色砂砾岩组成，经风化侵蚀后形成丹霞地貌。山地断陷部分构造断裂盆地，历史上这些谷地均为南北交通要道，如越城岭与都庞岭之间的湘桂走廊，湘桂铁路即沿谷地兴建；骑田岭东侧谷地有京广铁路通过。

◆ 气候水文

南岭阻挡南北气流的运行，导致南北坡水热的差异，尤以冬温最为明显。南岭山地间的低谷和垭口是北方寒潮南侵的通道，故岭南冬季仍可受到寒潮影响。年降水量 1500 ~ 2000 毫米。春季华南静止锋驻留长达2个月之久,春雨尤为丰富;夏秋之交多台风雨,冬季多锋面雨,降水季节分配较匀。南岭山区地势高差虽不悬殊,但仍存在气候的垂直差异。

◆ **动物植物**

地带性植被是亚热带常绿阔叶林,多分布在海拔 800 米以下。主要树种是樟科的樟树,其次是壳斗科的红椎、白椎、米椎、红缘、白缘等。常绿阔叶林群落结构一般分为 4 层:高层为椎、橡类;次层为樟、木荷等耐阴植物;第 3 层为灌木层,主要有双花木、杜鹃等;最下层为草本植物,以兰科为主。海拔 800 米以上有香桦、漆树、红果槭、香枫、山毛榉、鹅耳枥等落叶阔叶树,构成山地常绿林。1300 米以上有广东松、福建柏、长苞铁杉、铁杉、三尖杉和罗汉松等构成的针阔叶混合林。在 1600 ~ 2100 米的山顶,植被多为矮林,以石柯、南烛、杜鹃、山柳、雪竹等为主。局部有草甸分布。人工栽培林木以杉木和马尾松为主,是中国南方用材林基地之一。地带性土壤为红壤,海拔 700 米以上则为黄壤。山顶局部有草甸土发育。

野生动物,兽类有华南虎、豹、豺、云豹、黄麂、麝、梅花鹿、苏门羚、灵猫、金猫、青鼬、穿山甲等;鸟类有叶鹎、白头翁、金丝禾谷、画眉、相思雀、雉鸡、银鸡等,其中不少属于国家保护动物;两栖爬行类有大头龟、金钱龟、大壁虎(即蛤蚧)、大鲵、蟾蜍、泥蛙及各种蛇类。

◆ **土壤矿产**

南岭地区是中国著名有色金属产地。其中,钨、钼、锡、铅、锌等丰富;稀有元素矿物,如钽、铍、锆、钇、铌、钪、钛等,储量也较丰富。

本书编著者名单

编著者 （按姓氏笔画排列）

王　萍	尤联元	毛汉英	乌兰图雅	文云朝
方创琳	艾南山	古格·其美多吉		石晓丽
田松庆	冯九璋	冯绳武	刘　仿	刘　超
刘　樱	刘建忠	刘峰贵	刘德生	米文宝
阳　勇	苏世荣	李　宁	李　超	李明森
杨　晓	吴　浙	邹元春	沈允武	宋　涛
张　健	张　颖	张玉柱	张永昶	张丽娟
张良兵	张国俊	张育媛	张绍飞	张荣荣
张重阳	陈　彬	陈云增	陈松林	苟俊华
范蕾蕾	林　华	林美含	卓正大	易臻真
罗　静	岳　健	金凤君	周春山	周瑞瑞
郑英杰	赵兴有	胡汝骥	姜　明	秦　雷
袁方策	袁树人	袁晓勐	徐成龙	徐淑梅
银　山	第宝锋	蒋长瑜	蒋梅鑫	焦震衡
曾　刚	裘新生	薛东前	魏晋贤	